내일을 비추는 거울

내일을 비추는 거울

충북 국보의 심상지리

김덕근

고두미

머리말

문화재를 향유하는 방식

청풍명월의 국보를 돌아봤습니다. 단양에서 보은까지 충북에 소재한 문화재를 말입니다. 풍찬노숙의 길이었습니다. 국보라 하면 왠지 보존의 대상이거나 복원해야 할 것, 저만치서 바라봐야 하는 것으로 여긴 적도 있습니다. 글을 쓰면서 제가 지닌 상상력이 국보가 갖는 의미와 가치를 반감시키는 것이 아닌가 걱정도 했습니다. 때론 전문가 영역을 지나치게 침범한 건 아닌가하는 생각도 했고요.

언제부터인가 국보의 존재가 과거에 함몰되는 것이 아닌 내일의 거울이 된다는 것을 알게 되었습니다. 문화재는 모두가 알아야 할 현재가 되어야 하기 때문이지요. 이 책은 충북 지역의 국보를 단지 문화재란 관점에서 보기보다는 향유자의 입장에서 정서적 유대감을 찾으려 했습니다. 특히 옛것을 소비하는 방식에서 역사적 상징성과 그것들이 담고 있는 아우라를 풀어내려 했던 거지요.

국보 스스로 '나 국보야!' 할 리는 없을 겁니다. 우리가 국보의 존재에 다가가는 방법은 결코 오랜 세월이 지나야 드러나는 건 아니라는 거지요. 잘 쌓아 놓은 디지털 문화유산 포털이 있다 하더라도 슬픈 국보의 얼굴만 있을 뿐인 거지요. 다행히도 문화재의 침묵을 들여다본 사람이 있습니다. 서정의 미학으로 들여다본 국보가 있고 그것을 바라보는 타자가 있던 거지요. 문화재와 시학이 서로 어울리지 않는 것 같지만, 시인은 무수히 박제된 해석에 반대하며 길들여지지 않으려 했던 것 같습니다. 시인은 현전하는 국보에 길들여지지 않았던 거지요. 저는 시인의 직관을 정리하고 간추렸을 뿐입니다. 앞으로 문화재 스스로 만들어내는 이야기를 들으며 상상력의 주름이 채워지게 되길 바랍니다.

이 책이 나오기까지 많은 분의 도움이 있었습니다. 특히 시 전문지인 『딩아돌하』 편집진의 적극적인 제안이 없었더라면 이 글은 쓰여지지 않았을 겁니다. 충북작가회의 동료의 응원은 두말 할 것도 없고요. 성근 글을 다시 깁고 보태었지만 드러나는 흠결은 모두 저의 잘못일 겁니다. 누군가에 의해 다시 쌓아 읽는 충북 국보의 이야기를 고대하면서.

청주 용바윗골 구마재에서

2017년 가을

내일을 비추는 거울

차례

11_ 푸른 하늘에 학이 날고, 용이 뛰놀던 곳

청주 용두사지 철당간, 국보 제41호

26_ 높은 것을 만나면 낮아지고,낮은 것을 만나면 끝나게 하는

충주 청룡사지 보각국사탑, 국보 제197호

41_ 구름 위 연꽃방으로 길 떠나라

보은 법주사 석련지, 국보 제64호

55_ 괘불 거니 오색구름 내려오고

청주 안심사 영산회괘불탱, 국보 제297호

72_ 들어라 저 울림을, 고구려 후예라면

충주 고구려비, 국보 제205호

사자도 두 발을 세운, 무명의 바다를 밝힌 등대 _84

보은 법주사 쌍사자석등, 국보 제5호

마침내 아미타세계를 얻은 백제의 숨결 _100

청주 계유명 전씨 아미타불비상, 국보 제106호

탑평리 칠층석탑 아니지요, 중앙탑이에요 _118

충주 탑평리 칠층석탑,국보 제6호

법이 머문 곳의 목탑 _134

보은 법주사 팔상전, 국보 제55호

약속, 너는 누구냐 _151

단양 신라적성비 국보 제198호

푸른 하늘에 학이 날고, 용이 뛰놀던 곳

— 청주 용두사지 철당간, 국보 제41호

청주 랜드마크

충청북도 청주라고 하면 사람들은 영화 「만추」와 드라마 「모래시계」에 나온 가로수 길이나 세계문화유산인 『직지심체요절』을 떠올리지요. 아직까지 '시내'라 불리는 성안길의 중앙에 가면 1000년을 지켜온 '용두사지 철당간'을 만날 수 있습니다. 청주의 랜드마크라 할 수 있는 철당(鐵幢)에 대하여 아는 사람은 그렇게 많지 않습니다. 무심천에서 미역을 감았던 사람들은 청주극장이나 현대극장의 추억을 불러일으킬 수 있고, 백학소주 몇 잔에 백로식당의 비빔밥 퍼포먼스도 생생하게 기억할 것입니다. 젊은이들은 철당간 광장의 촛불시위나 크고 작은 공연과 전시마당을 떠올릴 수도 있습니다. 얼마 전 '청주야행'에서는 라이트쇼와 함께 하늘을 수놓으며 건재를 과시하기도 했지

오늘날의 철당간 광장.

요.

철당간은 작은 광장에 홀로 서있습니다. 도심의 높은 건물에 가려 사막과 같은 도회를 지나는 사람들에게 "즈믄 해가 주는 영혼의 울림을 들어 볼래?" 말을 걸고 싶은 마음은 버려진 전단지만도 못한 것인지도 모르겠습니다.

"이게 뭐야?"

"국보래."

"연통이니?"

사실 굴뚝과도 비슷하게 생겼지요. 철당간의 오랜 가부좌와 관계없이 여행자는 가이드북이나 인터넷 검색으로 묶어 놓은 채 기념사진을 찍거나 맛집으로 급히 직행하기도 합니다. 때로는 나와 다른 것이 아닌 나와 친숙하거나 유사한 장소를 찾으려고도 하고요.

마음속의 용두사 절터

청주골 사람들은 용두사지 철당간이 너무나 친숙한 나머지 국보보다는 청주라는 장소의 일부라고 생각하는 경향이 있습니다. 언제나 변함없이 한자리에 있어 일상의 흐름을 지켜보는, 구체화 된 삶의 현장이라는 거지요. 약속의 장소이기도 하고 쇼핑을 하러 나왔다가 만나게 되는 철당간은 청주 원형의 장소이자 문화의 실체입니다.

에드워드 렐프(Edward Relph)가 『장소와 장소 상실』에서 "인간답게 산다는 것은 의미 있는 장소로 가득한 세상에서 산다는 것이며, 자신이 잘 아는 장소를 가지고 있다"라고 말한 것은 장소에서 인간다움을 발견했기 때문이지요. 철당간을 지나는 사람들의 발걸음은 가볍지만 불온한 도심으로 돌아가는 시선은 일회적입니다.

용두사지 철당간으로 돌아가 봅니다. '용두사지'란 말은 언젠가 이곳이 용두사란 절터가 있었다는 것이고, '철당간'은 쇠로 만든 당간을 말합니다. 먼저 용두사부터 볼까요? 용두사는 청주 중심지역에 있던 사찰로 지금 남아 있는 유물은 철당간 밖에 없습니다. 철당간이 고려 광종 13년에 건립되었다고 본다면, 적어도 용두사는 신라 말, 고려 초에 창건된 것이 아닐까요. 어떤 이유인지는 모르지만 적어도 선종 7년 이후에 폐사된 것으로 추정됩니다. '용두사 금구'라고 새겨진 종이 발견하였다는 기록이 있고, 그 후 조선의 기록에 등장하지 않는 것을 통해서 알 수 있지요. 그럼에도 우리는 실체가 없는 '용두사'를 마음속에서 그려볼 수 있습니다.

당간이 있다는 것은 도량의 크기를 짐작할 수 있게 해줍니다. 청주의 한복판에 자리하고 있는 용두사는 작은 사찰은 아니었을 겁니다. 낭산이 주로 사찰의 입구에 세워졌다고 보면, 용두사의 전각들은 당간 뒤쪽인 오늘날 북문로 1가 부근에 자리했을 테고요. 산중사찰과는 달리 평지사찰인 용두사는 읍성 중심부에 있어 법을 전하거나 포교하는 데 안성맞춤이지요.

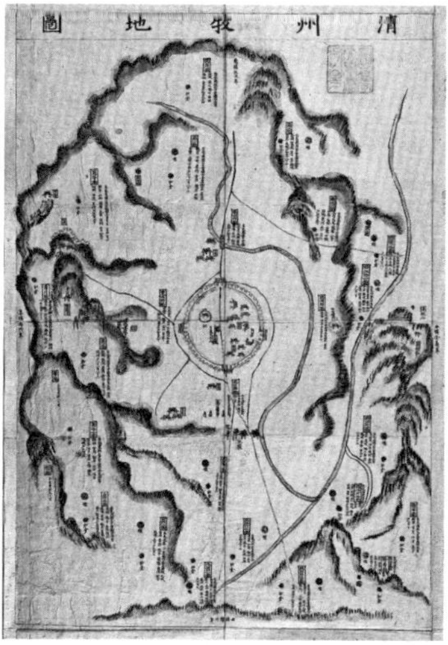

1872년 제작된 〈청주목지도〉에도 철당간이 표시돼 있다(중앙부 성곽 안). 조선시대의 기록엔 나타나지 않는 것으로 보아 용두사는 고려 선종 7년 이후 폐사된 것으로 추측된다.

용두사 도량은 지금처럼 성내의 가장 번화한 중심부에 자리하여 읍성 경관의 중요한 몫을 담당하는 도시문화의 중심체였을 겁니다. 장엄한 전각은 여기 저기 도시의 볼거리를 제공하며 위용을 자랑하였을 텐데, 사찰의 소멸에도 철당간은 절터를 지키고 있습니다. 청주 지킴이 중앙공원의 은행나무 압각수는 묵묵히 용두사의 전모와 실체를 알고 있겠지만요.

1910년대의 철당간(왼쪽). Frederick의 『Korean Buddhism』(1918)에 수록된 것이며, 뒤로 보이는 건물이 청주경찰서이다. 사진 오른쪽은 1970년대 철당간 모습이다. 철당간 뒤로 청주극장의 영화 간판이 보인다.

청주 김씨 가문과 법상종

용두사는 덩그러니 철당간만 남아있습니다. 따라서 용두사를 재구축하는 작업은 만만치 않습니다. 폐사지에서 만날 수 있는 회랑의 흔적이나 석축도 없지요. 도심에 있기에 폐사지의 고적한 미학을 기대하기 또한 어렵고요. 그렇지만 퍼즐을 맞추듯 용두사에게 말을 건다면 우리는 조금씩 다가갈 수 있지 않을까요. 용두사는 고려시대 청주 김씨 가문을 떼고 말할 수 없습니다. 청주를 대표하는 호족 중의 하나였던 그들은 현종 이후 3대에 걸쳐 영념(英念), 순진(順眞), 덕겸(德謙) 등 법상종 대사찰인 현화사 주지를 배출하기도 했습니다. 청주지역은 법상종 신앙이 지배적이었을 것으로 볼 수 있습니다. 후에도 용두사에는 우상(祐祥), 의광(義光) 같은 스님들이 주석하고 있었다는 점에서도 알 수 있고, 읍성 밖의 보살사, 흥덕사도 같은 계열의 사찰로 알려져 있지요. 고려법상종의 대표 사찰인 법주사와 금산사의 경우와 같이 미륵불상이 있었을 것으로 추정됩니다.

1011년 현종이 폐지되었던 연등회를 행궁 시에 2월 15일로 옮겨 처음 개최한 곳이 청주였습니다. 읍성의 용두사 절마당의 등불은 밝혀 환했을 터이고, 철당간의 당(幢)도 어느 때보다 더 힘차게 휘날렸을 거예요. "이월 보름에/아! 높이 켠/등불 같아라" 하는 고려가요 「동동」의 구절처럼 읍성은 장관이었겠지요. 성안길 용두사의 범종 소리, 운판과 목어 소리의 기운은 우암산을 마주보고 무심천을 가로질러 평온한 기운으로 중생을 제도했을 것입니다. 철당간은 연등회를 하늘과 바람처럼 내려다보고 있었겠지요.

당간과 당간지주가 남아 있는 유일한 국보

이제 용두사의 유일한 유물인 철당간으로 돌아가 볼까요. 용두사 철당간은 우리나라에서 당간과 당간지주의 원형이 남아 있는 몇 안 되는 당간일 뿐만 아니라, 당간 중에서도 유일한 국보입니다. 대부분 당간은 소실되고 당간지주만 볼 수 있습니다. 당간과 당간지주를 동시에 볼 수 있는 곳은 거의 없는 셈입니다. 당을 걸어두기 위한 긴 기둥을 당간이라 하고 장대를 지탱해주는 기둥을 당간지주라고 합니다. 용두사지에는 이 모두가 있는 것이지요. 청주에 오면 당간과 당간지주를 모두 볼 수 있는 행운을 얻는 셈입니다.

차(茶)와 찻잔, 받침접시로 비유해 본다면 용두사지 철당간은 찻잔 세트가 온전하게 있는 것입니다. 대부분의 당간지주는 받침접시만 있다는 것이지요. 그렇다면 차에 해당하는 당(幢)을 생각해볼까요.

어쩌면 철당간의 존재 이유는 당이 있기 때문입니다. 찻잔에 담겨 있는 콘텐츠는 섬진강 바람 듬뿍 담아 구증구포로 덖은 구수하고 감칠맛 나는 작설차든 응다구르강을 젖줄로 먹은 원두를 막 로스팅해 묵직하고 쌉싸래한 케냐 AA든 문제없습니다.

화려한 천으로 수를 놓아 길게 늘어 뜨린 당

당은 당간의 꼭대기에 장엄하게 걸려있는 깃발을 말합니다. 당간기를 보면 당은 사찰을 알리기 위한 표지로 대웅보전의 신성한 깃발이라 하여 그 쓰임새와 그 모양이 "푸른 하늘에 학이

용두를 형상화한 당간 머리는 현재 남아 있지 않다. 용두가 있다면 용이 당을 물고 있는 모양이었을 것으로 추측된다.

날고 용이 하늘에 뛰노는 것과 같다"고 한 것을 보더라도 당의 생김새를 연상할 수 있지요. 용두사 하늘 높이 위용을 자랑하며 펄럭이고 있었을 겁니다. 대부분의 당간은 사찰의 입구에서 사찰임을 알려주는 성과 속의 경계에 있기에 어느 전각보다도 높이 세워졌겠지요.

당에는 여래의 모습이나 경전의 주문 등을 새겨 공양과 기원하는 내용을 기록하여 발원하였고, 악한 것이 범접하지 못하도록 하는 기능도 갖고 있어 대개는 사찰의 입구에 위치해 있습니다. 화려한 천으로 수를 놓아 길게 늘어뜨린 당은 바람이 불 때마다 햇빛을 받아 반짝였을 겁니다. 재료는 당연히 당시 가장 고급스러운 천으로 제작했지요. 청주읍성의 높이가 4m 정도였다고 하는데, 철당간은 훨씬 키가 커 청주의 어디에서 보더라도 눈에 띄었을 겁니다. 몇 장 남아있지 않은 청주읍성 고지도에도 한자리 차지할 정도니까요.

지금과 달리 높은 건물이 없던 시절 철당간은 30단으로 높이가 60척으로 하늘을 찌를 듯 했겠지요. 지금은 당두가 없고 20단의 당간만 남아 있지만 용두를 형상화한 당간머리는 당을 물고 있는 모습이었겠지요. 한 마리의 용이 하늘로 승천하는 모습이 바로 당간이 되는 거지요. 용은 지상과 천상의 세계를 이어주는 매개이기도 하며, 불법을 수호하는 호법신장이기에 사찰의 경내로 들어가는 길에 자리합니다.

청주 최고의 아카이브

용두사지 철당간에서 다른 당간과 다르게 세 번째 당간은 몸통에 당간기가 양각으로 들어가 있는데, 정초석과도 같은 거지요. 요즘처럼 건물주와 시공자 준공 연월일만 있는 것이 아니라, 당간을 세운 이유는 물론, 건립 과정에 참여했던 인물에 대한 기록 등을 구체적으로 적어 놓았습니다. 철당간의 금석문은 고려시대의 청주라는 지역의 최고의 아카이브이기도 합니다.

용두사 당간 불사는 김예종이라는 청주의 명문가족이 병에 걸리게 되자, 치유코자 부처님께 서원을 하였으나 결국 유명을 달리하게 되지요. 그래도 불사는 계속됐죠. 그의 사촌형 김희일과 청주의 호족들이 후원을 하여 당간을 세우는 발원을 하고 962년 3월 29일에 준공을 하게 됩니다. 당간기에는 당시 청주 지역 명문호족인 경주 김씨 외에 경, 손, 한씨 등의 이름이 올라가 있지요. 용두사 당간의 규모나 시주한 사람들의 명망을 보더라도 건립기간과 제작비용은 다른 불사에 비해 뒤지지 않을 정도로 대작불사였을 겁니다.

철당간에 남아 있는 당간기. 금석학적 가치가 높다.

옛날부터 청주는 지형이 배 모양으로 주성(舟城)이라 불렸습니다. 용두사 철당간이 세워지게 된 연유가 고려 초 혜원 스님이 부처님의 가피력으로 돛대모양의 철당간을 세워 떠내려가는 청주를 구했다는 이야기도 있습니다. 또한 홍수와 재난이 많았던 청주에 점술가가 말하기를 큰 돛대를 세우면 재난을 피할 수 있을 것이라 하여, 돛대 역할을 하는 당간을 세웠다고도 하지요.

그러나 당간기에 없는, 꾸며낸 이야기일 뿐이지요. 구비문학의 행주형 지명설화에 나오는 비보적 대상물 중의 하나인 돛대가 당간으로 바뀌었을 뿐이지만, 어쨌든 사람들에게 평안과 안정을 주었다는 겁니다. 용두사가 폐사된 후 철당간은 종교적인 상징보다는 풍수비보적 돛대의 기능만 강조된 것이지요. 철당간이 천년 이상 성실히 청주라는 배의 중심을 잡았기에, 1980년 물난리도 무탈하게 지나간 것이 아닐까요.

시인묵객, 철당간 위용 노래해

용두사지 철당간에 대한 역사기록은 적지만 시인묵객들은 철당간을 보고 그냥 지나가지 않았습니다. 시인들에게 철당간은 삶이 우연적이고 부수적인 대상이 아니라, 장소와 인연의 근원적 중심이 되기에 그 체험들을 시화했습니다. 몇 편의 작품에 드러나는 용두사 철당간을 볼까요. 고려시대 이곡(1258~1351)은 '서원의 땅에 다만 용두사가 있고/용두사 노승은 중과 선비의 중간이라/내걸음이 꽃시절을 만나/진기한 새 짹짹 봄산에 울고 있누나'라고 하여 적어도 14세기 까지 용두사의 존재를 확인시켜 주는 작품입니다. 노승과의 교류를 통해 도심사찰로서 용두사가 포교기능은 물론 여러 사람들이 오고가는 만남의 장으로서 소통의 공간임을 알 수 있습니다.

용두사 철당간의 높이에 대한 시적 형상화는 거의 절대적입니다. 지금 보아도 결코 낮은 것이 아닌데, 당시의 위용은 말할 수 없을 정도의 높이였을 것입니다. 이승소(1422~ 1484)는 '우뚝서 높이는 100자가 되는데/방황하는 행인에게 이정표가 되네' '뿌리는 샘의 근원에 깊이 박혀 지축에 이었고'라고 함으로써 높이는 물론 사람들 방향의 장소적 정보까지 준다고 합니다. 높이의 표현들은 계속 이어져 '동장은 우뚝 솟아 하늘에 닿아 있고'(연최적, 1663~1693), '열길 되는 돛대 모양 배의 끈 같고/구리기둥 동쪽에 우뚝'(박노중, 1863~1945)하다고 과장되게 장소 이미지를 그려내었습니다. 망선루와 공북루 중건 상량문에도 '구리기둥이 가장 높아 진지 가운데 가장 웅장하네'라고 하여 읍성에서의 규모를 짐작하게 해줍니다. 철당간의 절대적 높이와 달리 낮음에서도 당간의 면목을 살핀 경우도 있습니다. 먹먹해진 마음을 풀어주는 장소라 할까요.

꿈꿀 수 없는 것

버려두고

나에게는 그냥 오라
힘겨운 날에도
한 그루 쇠기둥으로
뿌리내리고
상처 깊은 사람을
더 그리워하는

— 이석우 「철당간」 부분

시인은 위풍당당 높이의 철당간을 포착하지 않습니다. 대신 '상처 깊은 사람'을 그리워하거나 '꿈꿀 수 없는 것'을 두고 와도 언제나 함께하는 처소로 그리고 있습니다. 쇠기둥은 비바람에도 끄떡하지 않고 언제나 그 자리에서 높이 있지만, 배회하고 있는 사람들에게 무거운 고민도 가볍게 해줄 것만 같습니다. 아주 낮게 가만히 기다리고 있을 겁니다.

용두사지 철당간이 천년을 걸쳐 풍부한 장소감과 높은 가시성을 우리에게 준 요인은 무엇이었을까요. 단지 오랫동안 위치를 점유했다고 유명해진 건 아닐 겁니다. 철당간이라는 조형물은 자신의 물리적 존재를 통해, 장소감을 창조하는 힘을 지니고 있는 거지요.

용두사지 철당간은 청주시민들에게 추억은 물론 장소에 대힌 깊이와 가치를 주기 때문입니다. 기란의 침입과 몽고의 항쟁도, 임진왜란 당시 청주읍성의 승리도 똑똑히 보았을 철당간은 갑오년의 녹두꽃도 한국전쟁의 포화도 생생히 기억하는 생물과 같은 청주의 산증인입니다.

이제 우리들의 가슴마다 당간에 걸어야 할 '당'의 콘텐츠를 만들어야 하는 숙제가 남아있습니다. 그것은 아주 행복한 작업일 것입니다. 마치 달마가 서쪽으로 간 것처럼 말입니다. 오늘도 철당간은 그 자리에 있습니다.

높은 것을 만나면 낮아지고,
낮은 것을 만나면 끝나게 하는

— 충주 청룡사지 보각국사탑, 국보 제197호

남한강 물줄기와 옛 가람 터

때 이른 봄, 벚꽃나무에 꽃비 내린 지 오래입니다. 꽃잎은 강을 따라 전등사 목어와 헤엄을 치기도 하고, 바람에 몸을 실어 신륵사 동대탑에 가부좌를 틀기도 합니다. 신록의 남한강을 걸어 청룡사지 가는 길에 목계나루를 만납니다. '하늘은 날더러 구름이 되라 하고/땅은 날더러 바람이 되라 하네/청룡 흑룡 흩어져 비 개인 나루/잡초나 일깨우는 잔바람이 되라'(신경림 「목계장터」)지만 낯익은 가락에 강과 함께 가는 나들이, 구름과 바람은 언제나 도반입니다. 물소리 따라 걷다 보면 무념이 무엇인지 어렴풋 알 것 같기도 합니다.

이제 남한강에서 쌀이나 소금을 실은 황포돛배는 볼 수 없습니다. 물길이 있는 곳에 시작과 끝이 있음에, 유유히 떠다니는

보각국사 정혜원륭승탑 전경. 석등-승탑-탑비가 나란히 서 있다.

뱃길은 장관이었을 겁니다. 북새통을 이룬 덕흥창과 가흥창이 있었고, 뗏목꾼의 구성진 아리랑 소리에 맞춰 춤추는 물새들도 신났겠지요.

남한강 물줄기에는 이름난 옛 가람 터가 많이 있습니다. 법천사지, 거돈사지, 흥법사지를 들 수 있는데, 한자리에 오랫동안 자리해서인지 소멸의 무게 또한 가볍지 않습니다. '꽃도 귀향

가는 곳/절터드랬는데/바람도 모이지 않고'(정지용 「九城洞」) 고즈넉함이 가득하고 법등도 꺼져있어 묵언수행자와 같이 스스로 빛을 품어 낮추는 곳이 절터입니다.

> 저 황매화길 따라
>
> 넘어가면
>
> 폐사지,
>
> 주춧돌마저 묻힌 지 오래
>
> 햇볕 우묵한
>
> 고요 한 채
>
> 경
>
> 한 줄
>
> 나부끼는 소리
>
> — 이종수 「황매화」 전문

일주문도 독경소리도 사라지고 빈터의 주춧돌만이 절간이었음을 알게 해주는 흔적이지만, 폐사지를 순례한다는 건 눈 감아 가득 찬 공간으로 입산하는 겁니다. '고요 한 채' '경 한 줄 나부끼는 소리'도 잘 늙은 절터여서 가능한 것이지요. 보각국사탑은 청계산의 불이문처럼 숨죽여 입정하고 있습니다.

탈속의 공간 연회암

부도의 주인은 환암혼수(幻庵混修, 1320~1392)입니다. 고려 말 국사를 수차례 한 대표적 고승이기도 하지만, 환암이 주목받는 건 조계종 법맥에서 태고보우의 상수제자인가 아니면 나옹혜근의 법통이냐는 논쟁 때문이지요. 환암이 누구의 제자인가, 어느 쪽이 옳다 그르다 판단하기는 쉽지 않습니다. 중요한 건 환암이 우리 불교사에서 과거형이 아닌 현재형으로 알음알이를 깨뜨리게 하는 주장자의 주인으로 있다는 거지요.

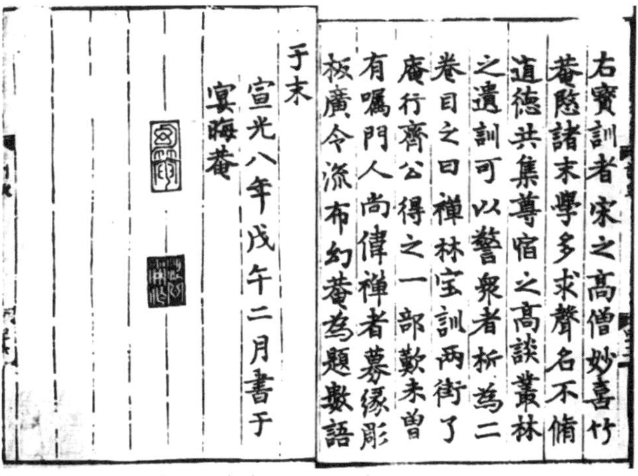

右寶訓者宋之高僧妙喜竹
菴愍諸末學多求聲名不脩
道德共集尊宿之高談叢林
之遺訓可以警衆者析爲二
卷目之曰禪林宝訓兩街了
庵行齋公得之一部歎未曾
有囑門人尚偉禪者募緣彫
板廣令流布幻菴爲題數語
于末
宣光八年戊午二月書于
宴晦菴

청룡사에서 출간된 『선림보훈』(보물 제700호). 환암의 인장과 연회암이 선명하게 보인다.

고려 마지막 국사로서 스님의 행장은 탑비와 그와 교류했던 도반들의 글을 통해서 알 수 있습니다. 환암이 청계산 서쪽 고요한 옛 집터에 손수 목재와 돌을 날라 지은 것이 청룡사의 연회암(宴晦菴)이지요. "환암의 거처는 하 깨끗도 해라/백발에 거듭 서로 찾아와 보니/푸른 이끼는 발 디딜 틈도 없고/솔바람 소리는 맘을 깨울 만하네"(「奉題幻菴方丈」, 『목은시고』 제18권)같이 환암의 토굴은 솔바람 소리 진득한 탈속의 공간입니다. 연회암이란 편액을 건 식영감(息影鑑) 화상에게 능엄경을 배운 뒤로 보면, 능엄경의 '연회청재(宴晦淸齋)'에서 가지고 왔을 겁니다. 나무도 연기도 불도 아닌 것, 가도 닿는 곳 없고 와도 온 데가 없는 '향'에서 향엄동자(香嚴童子)가 청정한 지혜를 얻게 된 것처럼 환암의 거처도 그와 같기를 바라서였던 걸까요. 아니면 연회암의 묘한 향이 청계산과 묵봉산에서 부는 바람을 따라 수행의 방편으로 채찍질하게 한 걸까요.

공부선의 주인공

고려 말 환암이 유명해지게 된 건 승려들의 공부 정도를 시험하는 공부선(功夫選)에 참여하고서입니다. 모든 종파의 승려들이 참여한 가운데 시험의 출제는 그 유명한 나옹혜근이 하게 됩니다. 임제종과 같은 선문답인 3구 3관으로 깨달음의 관문을 확인하는 거지요. 공민왕은 물론 사부대중 앞에서의 시험은 쉽지 않았던 것 같습니다. 눈 밝은 선지식이 보이지 않아 답답한 가운데, 끝날 무렵 51세 중년 스님인 환암이 나타난 겁니다. 나옹의 질문에 거침없이 혼수는 대답했던 거지요.

> 나옹: "어떤 것이 문에 해당하는 구(當門句)인고"
>
> 환암: "좌·우에 치지 않고 한복판에 서는 것입니다"
>
> 나옹: "어떤 것이 문안에 들어서는 구(入門句)인고"
>
> 환암: "이미 들어 왔어도 들어오기 전과 같습니다"
>
> 나옹: "어떤 것이 문안의 구(門內句)인고"
>
> 환암: "안팎이 본래 공(空)인데 어찌 가운데가 있겠습니까"

한 치의 막힘없이 찰나를 놓쳐서 안 되는 이심전심으로, 양보 없는 법거량(法擧揚)은 명장면이었을 겁니다. 익히거나 연습하는 것도 아니고 머뭇거리는 순간 분별심이 들어가게 되는 거지요. 오직 즉문즉답이 있을 뿐입니다. 진리의 문을 향할 때는 어느 쪽으로 치우치지 않고 정면으로 들어가야 하며, 본래면목의 자리는 어느 곳에서나 마찬가지라는 겁니다. 자유자재한 환암은 진공묘유를 말하고 있는 겁니다. 이날 환암만이 유일하게 빗장이 채워진 무문관을 통과한 거지요.

환암의 용모

이 장면을 목은은 “선불당에서 종횡으로 문답을 벌일 적에/당시 다른 승려들은 감당할 이 적었는데/마음은 달마의 심법을 전한 뜰 앞의 잣나무를 따랐고/용모는 육랑과 같은 연꽃과 함께 했도다”(「憶幻菴」, 『목은시고』 제17권)라고 적었지요. 환암이 있는 그대로를 보고 있기에 의정을 불러일으키지 않음을 알 수 있지요. 여기서 궁금한 건 환암의 용모인데, 연꽃 이상으로 꽃미남 스님이었던 모양입니다. 환암에 대해서 “모든 것이 뜬구름임을 일찍이 깨달은 사람 오직 환암이라”(「幻菴:釋了圓」, 『동문선』 제22권), “환암선사는 내가 경외하는 분/묘한 경지는 세상에서도 알고

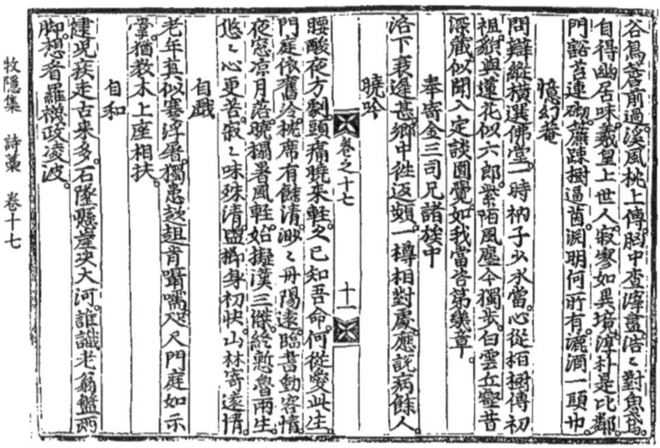
谷鳥簷前過。溪風枕上傳。胸中查滓盡。浩浩對魚鳥。
自得幽居味。羲皇上世人。寂寥如異境。淳朴是比鄰。
門豁苔連砌。簾疎樹遶簷。澗明何所有。灑灑一頭巾。

憶幻菴

問辯縱橫選佛堂。一時衲子少承當。心從栢樹傳初祖。貌與蓮花似六郎。紫陌風塵今獨步。白雲丘壑昔深藏。似聞入定談圓覺。如我當吾第幾章。

奉寄金三司兄諸族中

洛下衰遲甚。鄉中往返頻。一樽相對處。應說病餘人。

曉吟

卷之十七　十一

腰酸夜方劇。頭痛曉來輕。久已知吾命。何從變此生。
門庭依舊冷。枕席有餘清。渺渺丹陽遠。臨書動客情。
夜窓涼月落。曉榻暑風輕。始擬漢三傑。終慚魯兩生。
悠悠心更苦。寂寂味殊清。盥櫛身初快。山林寄遠情。

自譏

老年真似褰浮屠。獨患趑趄背聳喘。入門庭如示掌。猶教木上座相扶。

自和

健兒疾走古來多。石墜懸崖夾大河。誰識老翁盤兩脚。想看羅襪政凌波。

牧隱集　詩藁　卷十七

『목은집 시고』 권 17에 환암을 그리워하는 노래가 있다.

있지"(「偶唫錄奉千峯方外契」), 『도은집』 제2권), "자취 숨기고 이름을 감춘 야인이거니/한가로이 되는 대로 세상 번뇌 끊었다/아침에는 묽은 죽, 재할 때는 나물밥/좌선하고 거닐면서 천진에 맡겨 두네"(「寄幻菴長老山居」, 『나옹집』)라 하여 환암이 일찍이 깨달은 사람이자 묘한 경지를 지녔고, 세상 번뇌를 끊어 배고프면 밥 먹고 졸리면 자는 천진불이었음을 알 수 있지요.

환암은 동시대의 고승들과 달리 유학파도 아니었고, 왕사도 한 적 없이 국사가 된 스님입니다. 행장을 보면 몇 번의 주지직을 마지못해 했지만, 얼마 안 있어 나오거나 도망치거나 했으니 수행에 전념했음을 알 수 있지요. 국사직도 연회암에서 받았을 정도였고요. 『선림보훈』(보물 700호)을 비롯한 여러 권의 책을 편찬한 걸 보더라도 환암은 선교에 능통했던 거지요. 청룡사에서 발간된 책들은 모두 서지학에서도 중요한 위치에 있어, 당시 청룡사가 출판의 메카였음을 짐작할 수 있지요. 청계산 자락 어딘가에서 나무에 글자를 새기는 것도 한 장 한 장의 닥지를 만드는 것도 모두 수행의 하나였을 겁니다.

최후의 법문 열반송

환암의 부도탑을 보면, 그의 열반송을 돌아보게 합니다. 조선이 들어선 그해 가을 '지금 죽을 때가 되었다, 나는 운명하겠노라'며 쓴 노래이지요. 수행자가 토해낸 최후의 법문으로 해탈의 자유를 환암은 보여주고 있는 거지요. 죽음의 순간 구도자의 본모습을 절제하며 부드럽게 그리고 있습니다. 이미 생사에 걸림이 없을 테니까요.

> 자유롭게 걸림 없이 일생을 보내니
> 병중의 소식까지도 성성하다
> 내 가는 곳 아는 사람 없으니
> 창밖 흰 구름 푸른산에 걸려있네

니르바나로 가는 길에 군더더기가 있을 수 없습니다. 육신의 껍데기를 벗고 본래의 고향으로 가는 겁니다. 환암이 들려주는 진리의 노래는 '성성함'과 '푸른산에 걸려있는 흰 구름'으로 또렷하게 보이는데, 사람들이 알지 못함을 아쉬워하고 있습니다. 적멸의 즐거움과 자유를 엿보게 합니다. 본지풍광으로서 죽음을 맞이하는 담담함도 있고요. 환암의 임종 행적을 보면 8일 동안 상에 앉았으되 얼굴이 평시와 같았다 하니, 좌탈입망을 한 거지요. 환암이 생사로부터 걸림이 없음을 알 수 있습니다. 연회암 북쪽 산기슭에서 치러진 다비장, "스님 불 들어갑니다."라는 말에 금방이라도 "그래 나 잘 살다 간다." 할 것 같습니다.

"새벽에 뼈를 모으니 그 빛이 눈과 같이 하얬는데, 정골이 더욱 두텁고 정결하였다."고 하니 정골사리도 수습했음을 알 수 있습니다.

보각국사승탑은 입적 2년 후에 세워진 것으로 태조 이성계가 '정혜원융'라는 탑호를 왕명으로 불사를 하게 됩니다. 고려의 마지막 국사의 승탑은 새로운 조선이란 나라가 들어서 왕명에 의해 처음 제작된 부도입니다. 오래된 절터를 가보면 탑비의 용머리나 거북이만 남아있거나, 아니면 승탑만 외롭게 서있어 주인이 누구인지 모르는 경우도 있지요. 심지어 승탑과 탑비가 서로 떨어져 있는 경우도 있답니다. 그러나 환암의 경우는 국사나 왕사 고승의 부도자리임을 알려주듯이 석등-승탑-탑비의 순으로 온전하게 서있습니다. 이 모두가 국보와 보물이기에, 환암 스님을 만나고 돌아오는 길은 종합선물 같은 보시를 받은 셈이지요.

환암탑비(보물 제658호). 비문은 당대 최고 문장가 권근이 썼다.

탑비에는 스님의 행장을

고스란히 담았고, 환암이라는 진리의 등불이 꺼지지 않게 사자석등이 지켜주고 있습니다. 600년이 지난 오늘 청룡사지가 단지 폐사지가 아닌 화엄성중의 처소와 무량의 절터로 채우게 해주는 건 오로지 승탑 때문이라 해도 과언이 아닐 겁니다. 부도는 종을 엎어놓은 종모양, 탑모양, 팔각원당형을 들 수 있는데, 보각국사 집은 팔각원당형의 모양입니다. 팔각은 가장 원과 같은 모양이라 원융무애나 팔정도라는 깨달음의 길을 연상하게 합니다. 온전한 가르침을 따랐을 때 '위대한 소멸'에 도착하는 거지요. 성스럽고 영원한 정의, 재생, 세속을 넘은 지성의 의미가 담겨있는 여덟(8)이기에, 안식처일 수밖에 없습니다.

청계산 지킴이

승탑은 대부분 절간의 중심에서 벗어나 한적한 언덕에 자리하고 있습니다. 절에 가더라도 큰 법당이나 키가 큰 탑이나 석등에 가려 보이지 않는 경우가 많지요. 환암도 마찬가지로 청룡사지에서 북서쪽으로 올라가야 만날 수 있습니다. 고적한 자리에 터를 잡았지만 사찰의 운명이 다하더라도 남아 있는 경우는 승탑의 장소성에서 오는 것일 겁니다.

널찍한 바닥돌 위에 놓여 있는 환암의 승탑은 받침돌과 몸돌, 지붕돌로 이루어진 전형적인 양식이지만 전체적으로 통통한 느낌입니다. 받침돌은 위아래 연화대로 돌을 쏘았는데, 연잎에 삼산형 무늬는 수미산을 연상하게 하고 연화장 세계의 공덕무량을 그려보게도 합니다. 탑신이라는 몸돌에 주목하다 보면 키 작은 가운데 돌을 지나쳐 연화대 사이의 영기창(靈氣窓)을 놓칠 수 있습니다.

가운데 돌은 승탑의 온 무게가 실려 있는 듯 더 통통해 보이는데, 8개로 나누어진 4각형 틀에 사자와 운용문이 교대로 놓여 있습니다. 자세히 보면 사자의 모양이 모두 다르다는 걸 알 수 있지요. 어미사자가 새끼사자와 노는 모습이나, 수사자의 정면모습도 있고, 머리를 돌려 바라보는 모습이나 몸을 웅크렸다 달리는 것도 있습니다. 사자의 권위와 위엄이 살아있는 것처럼 보이는 거지요. 용과 더불어 사자는 승탑의 사리를 수호하여 영기창을 통해 생생하게 드러나는 겁니다. 용이 구름과 더불어 금방이라도 하늘로 날 것 같은 건 뭐 때문일까요. 정지된 것들이 역동적으로 보이기 시작하면 승탑이 단지 정지된 조각이 아니라, 무한한 우주공간으로 인식되는 순간입니다. 그걸 가능하게 해주는 것이 영기창이며 승탑을 장엄하게 보여주는 성스런 존재들입니다.

몸돌은 배흘림기둥으로 만들어졌는데, 높이보다 폭이 넓어 안정감이 있게 느껴집니다. 가운데 돌과 같이 통통한 분위기를

보각국사 정혜원륭승탑 입면도.

승탑 몸돌

승탑 지붕돌

주는 몸돌은 무심하게도 빈침돌 위에 올라와 있습니다. 팔각형에 금강역사와 사천왕 같은 신장이 돋을새김으로 새긴 데다가 칭칭 감아 올라가는 용 때문에 더욱 불룩해 보입니다.

지붕돌은 목조가구의 형식을 띠었지만 기왓골은 보이지 않고 두껍고 짧게 드러납니다. 지붕의 경사가 가팔라서 비가 내릴 때마다, 내림마루에 있는 용머리가 금방이라도 하늘로 올라갈 것 같습니다. 때론 승탑을 지켜주는 보안시스템의 CCTV와 같은 역할도 했을 테지요. 석공은 지붕돌 꼭대기에 영원히 꺼지지 않는 진리의 불빛을 올려놓고 싶었을 겁니다. 대신 지붕돌 가운데 보주는 태극 문양의 돌이 옆으로 서서 승탑을 장식하여 서있습니다. 불교를 상징하는 만다라도 아니고 하필 태극이었을까요. 태극을 상반과 융합으로 본다면, 불교의 절대평등이나 원융과 상통됨을 승탑을 만든 석공은 알고 있던 거지요. 전체 비례로 본다면 지붕돌 위의 장식은 더 있을지도 모릅니다. 탑을 장엄하게 꾸며주던 상륜부는 인도의 스투파를 재현한 것이지만, 사바세계와 극락세계를 이어주는 사다리가 되는 거지요.

보각국사 승탑은 결코 하늘로 사뿐히 날아갈 모양은 아닙니다. 오히려 청계산 지킴이의 묵직함으로 다가옵니다. 파수꾼인 용과 사자와 신장들이 여법하게 지켜온 거지요. 환암스님을 만나고 내려오는 길, 찔레꽃 봉오리들이 하늘하늘 '이 뭐꼬'라고

긴 헛기침으로 화두를 줍니다. 한참의 적요함에 익숙해져 있던 길손에게 떠남의 자유가 무언지 깨닫게 해주는 순간입니다. 주차장까지 내려오는데 나옹의 "산은 어찌하여 멧부리에서 그치는가"란 물음에 "높은 것을 만나면 낮아지고 낮은 것을 만나면 곧 끝나게 된다"는 환암의 선문답에 높음도 낮음도 없는 산을 생각해봅니다. 중요한 건 현상과 대립의 극복입니다. 산도 하늘을 만나면 더 낮은 것일 수밖에 없는 겁니다.

빈 절터에서 허튼 마음을 내보이는 순간, 환암 스님은 장군죽비를 날리셨을지도 모릅니다. '입도 버리고 혀도 파묻고/폐사지처럼 산다'(정호승 「폐사지처럼 산다」)처럼 개구즉착(開口卽錯)을 온몸으로 보여주는 거지요. 침묵은 절대로 결핍이나 부재가 아닙니다. 대작불사의 회향보다 폐사지처럼 존재하는 것이, 청계산 바람과 이름 모를 풀과 함께하는 것이 더 높은 곳을 그리워하지 않게 된다는 거지요. 폐사지처럼 말이지요.

구름 위, 연꽃방으로 길 떠나라

— 보은 법주사 석련지, 국보 제64호

참으로 크다는 건

입춘 무렵 속리행을 결심했습니다. 겨우내 속진의 무게도 가볍지 않았지만, 선홍빛 망개 열매가 보고 싶고 까막딱다구리의 안부도 궁금해서지요. "한겨울 누더기 어깨를 두르고/산문이 문득 그리울 때"(조원진 「잠시 길 떠나기」 부분) 홀연히 길 떠나 이른 봄맞이라도 가려는 듯 버스는 만원이었습니다. 홀로 묵언중인 일주문 지나 오리숲 고목나무 가지에서 소중한 비밀을 쪼아대고 있는 딱따구리를 조원진 시인은 놓치지 않았던 거지요. 제게 주어진 인연의 기운이 여기까지인지라 다음을 기약하기로 하고 절문으로 들어왔습니다.

절간은 입춘기도로 모처럼 지대방 섬돌에 꽃이 활짝 피어 시끌벅적하고 공양간도 모두 수고롭습니다. 절 마당은 봄 햇살을

석련지.

충분히 베고 누웠는지 싸리비질 자국이 더욱 선명해 보이고 오늘따라 천왕문 앞 전나무도 키가 커 보입니다. 이철수 화백은 '법주사 대불은 크다 크다 한다, 참으로 크면 그 소리 안 들었을 터'(이철수 판화「법주사」)라 했는데, 참으로 큰 건 무엇일까요. 크고 작은 것 또한 사람들 마음에 있을 겁니다. 고통의 걸망을 놓아주고 중생들과 함께할 때 금동미륵님의 온몸에 피가 따숩게 돌아오는 철이기도합니다.

이제는 볼 수 없는 산호전

금강문을 지나 오른편을 보면 법주사의 명물이라 할 수 있는 놀로 만든 연꽃을 볼 수 있지요. 마치 빌우그릇이니 이니면 큰 공을 반으로 자른 모양입니다. 법주사의 3대 국보 중의 하나인 석련지이지요. 석련지라는 이름은 언제부터 사용되었는지 모릅니다. 정행석은 「속리남유록(俗離南遊錄)」에 '석연대(石蓮臺)'(1634년)라 하여 석련지를 제를 올리는 것으로 보았지요.

박정양(1841~1904)의 「포쇄일기」(1871년)를 보면 법주사 전경을 다음과 같이 그리고 있습니다. "용화보전 5층으로 지었으며/그 안에 부처 하나 크기가 얼마 되나/수십 장(數十丈) 되는 키가 오층 집에 가득하다/그 옆에 대웅보전 세 부처가 크고/좌우로 오백 나한 가득히 늘어 앉아/얼굴마다 각각이오 모양들도 다 다르다/법당 앞의 작은 연못 석축을 잘하였고"라 하여 산호전이라 불리던 용화보전도 그려볼 수 있게 합니다. 실제 2층의 전각이었지만, 5층으로 보일 정도로 높았던 모양입니다.

'수십 장이나 되는 키'에서 금색의 미륵장륙존상의 규모를 짐작할 수 있습니다. 정시한(1625~1707)도 「산중일기」(1686년)에서 "용화전 뒤에는 커다란 바위가 깎아놓은 듯 서 있는데, 그 위에는 뚜껑 같은 관석이 있어 비나 벼락을 피할 수 있게 되어 있다. 용화전의 삼존불입상은 높고 크며 웅장하고, 뒤에 걸린 후불탱 세 폭도 역시 길고 큰 것이 일찍이 못 보던 것"이라고 용화보전의 위치와 장엄함을 그리고 있습니다. 아쉽게도 용화전과 삼존불입상은 더 이상 볼 수 없지요.

전해지는 말에 따르면 흥선대원군시절 당백전을 만든다는 명목으로 미륵불과 함께 당간이 철거되었다고 하지요. 당백전 주조 중단이 1868년이고 경복궁 중창 완공이 1872년으로 보면 또 다른 사연도 있을 법합니다. 적어도 박정양이 들렀던 1871년까지 용화전이 수정봉을 배경으로 서있었음을 생생하게 보여주고 있는 거지요. 실제 상평통보의 100배의 가치가 있다는 당백전, 장륙존불이 그런 땡전이 되었는지는 알 수 없습니다. 세상을 구원할 미래불의 다비는 단순히 세간의 불쏘시개로 끝난 건 아닐 겁니다. 멀리서 개벽의 기운이 오고 있음을 스스로 온몸으로 던진 건 아닐까요?

장륙존불 금산사 미륵존불에 가늠해 볼 수 있어

그러나 김복진에 의해 다시 만들어지게 되는 키다리 미륵불 불사 기사 중에 아주 흥미 있는 대목이 나옵니다. 용화보전과 미륵존상이 '풍우와 화재 등의 변을 겪어 도괴'되었다는 재난설을 들고 있는 거지요.(동아일보, 1939. 3. 16) 용화보전의 명맥은 아직도 이어져 대작불사인 금동미륵대불의 기단부 용화전에 도솔천을 형상화시켰지만 아쉬운 부분이기도 합니다. 어쩌면 용화세계는 어려운 세상살이에서 벗어나기 위해 미륵이 내려

올 때까지 기다리는 것이 아니라, 세간을 정토로 만들어갈 때 다가오는 것인지도 모르지요. '좌우로 오백 나한 가득히 늘어 앉아/얼굴이 각각이오'를 보면 산호전 일천 나한이 있었던 거지요. 일부지만 용화전에 있던 나한을 팔상전에 모시고 있기에 얼마나 다행인지 모릅니다. 지금은 볼 수 없는 산호전 장륙존불은 아쉬운 대로 금산사의 미륵존불에서 가늠해 볼 수 있습니다. 법주사에도 금산사와 마찬가지로 미륵신앙 사찰의 불전인 용화보전이 있었거니와, 대웅보전이 28칸인데 산호전이 35칸이었던 걸 보면 주불전 노릇을 했음을 알 수 있지요.

동서축의 법주사 가람배치

박정양이 끝으로 주목한 건 '법당 앞의 작은 연못 석축을 잘하였고'라는 부분이지요. 여기서 법당이라면 용화보전을 말하지요. 그렇다면 '작은 연못'은 무엇일까요. 여느 절과 다르게 법주사 마당에는 흔히 볼 수 있는 연못이 보이지 않습니다. 연꽃이 있는 못은 절간에서 극락정토의 모습을 현실세계에 구현하고 있는 거지요. 산중도량을 숨바꼭질처럼 다녀도 수정교를 지나서는 물소리조차 들리지 않습니다. 박정양이 본 '작은 연못'이 석련지일 겁니다.

석련지는 법당 앞에 있었지만 아쉽게도 지금은 그 자리에 있

애초 석련지는 산호전이라 불리던 용화보전과 팔상전 사이에 있었다. 팔상전 앞에 석련지와 희견보살이 일렬로 배치되어 있었음을 볼 수 있다.

질 않습니다. 원래 석련지는 용화보전과 팔상전 사이에 있었던 거지요. 금동미륵대불이라는 대작불사 이전까지만 하더라도 석련지는 흔히 말하는 법주사의 창건기 가람의 장소성을 가지고 있었다고 할 수 있습니다. 동서축으로 불리는 법주사의 가람배치는 팔상전—석련지—희견보살—용화보전의 미륵으로 이루어졌습니다. 이 미륵신앙으로 용화세계를 구축하려했던 건 여러 번의 불사와 함께 흩어지게 된 거지요.

공중에 떠 있는 연못

『속리산대법주사사적기』(1874년)에는 '연지석준(蓮池石

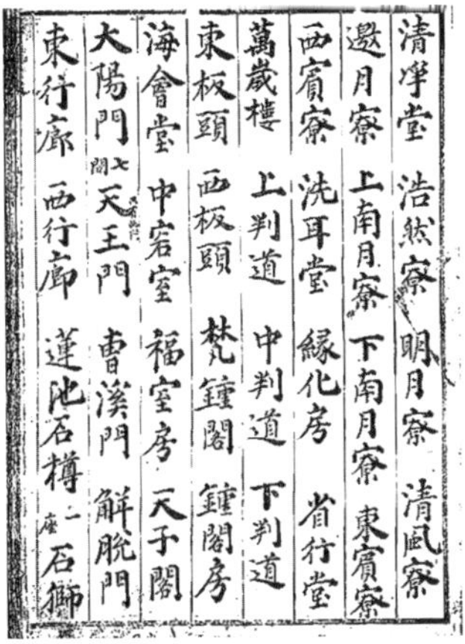
清淨堂 浩然寮 明月寮 清風寮
邀月寮 上南月寮 下南月寮 東賓寮
西賓寮 洗耳堂 緣化房 省行堂
萬歲樓 上判道 中判道 下判道
東板頭 西板頭 梵鍾閣 鍾閣房
海會堂 中宿室 福室房 天子閣
大陽門 天王門 曹溪門 解脫門
東行廊 西行廊 蓮池石樽二座 石獅

『속리산대법주사사적기』에 '연지석준'이란 말이 보인다.

樽)'이라는 말이 보입니다. '연꽃을 심은 연못'과 '돌로 만든 그릇'을 나누어 보면 석련지에 대한 궁금증이 풀리기 시작합니다. 석련지는 공중에 떠있는 연못을 담은 그릇이었던 거지요. '석련지'란 말이 명명된 것은 20세기 들어서인 것 같습니다. 실제로 1910년경 세키노 다다시(関野貞) 박사가 조선 고적 조사를 할 때 석련지에 연꽃이 있는 걸 봤다 했고 당시의 사진도 있다 했지요. 일제강점기의 신문에도 종종 석련지의 얼굴을 볼 수 있습니다. 김도태는 '돌로 만든 석련지를 법주사의 큰 보물이라 하며 아래는 돌기둥으로 위에 올라가며 둥글게 연못모양으로 확을 팠는데 거기에 연꽃(蓮花) 나무를 심었습니다'(동아일보, 1939. 1. 22)라 하여 독자들에게 사진과 함께 상세하게 설명을 해주고 있습니다.

유일한 연지 모양의 석조

우리나라의 석조(石槽) 갈래에서 석련지는 흔치 않습니다.

대부분 석조는 사각형 모양으로 배수구가 있는 수조의 역할에 충실합니다. 법주사에도 기다란 네모형의 석조가 있으니까 어렵지 않게 비교할 수 있지요. 석조의 대부분은 수조의 역할에 충실한 것들이고 연지 모양의 석조는 5개 정도 있습니다. 그 중 유일하게 석련지라는 이름의 석조는 법주사 석련지 밖에 없습니다. 이와 달리 다른 것들은 연꽃 모양이라도 석조라고 부르지요. 연지형의 석조 가운데 가장 크고 화려하고 섬세한 유일한 국보입니다. 석조의 양식사적 측면에서 보면 석련지는 연지형으로 그 원형은 백제의 대통사지 석조라 할 수 있지요. 무슨 이유인지 모르지만 백제를 건너온 연지형은 석련지를 끝으로 볼 수 없습니다. 절간에 석련지가 있는 곳은 법주사뿐입니다. 우현 고유섭(1905~1944) 선생도 석지로서 이만한 걸작은 동서천지에 없다고 했습니다.

극락정토 세계로 상징되는 연지

연꽃 모양의 석련지는 본전이었던 용화보전의 장엄물로, 극락정토 세계의 연지를 상징합니다. 아미타경에 나오는 연지는 '즐거움이 끝이 없는 곳으로 일곱 겹의 난간과, 일곱 가지 보석으로 이루어져 바닥은 금모래로 깔려 있고, 여러 가지 연꽃이 피어 있는데 모두 수레바퀴만큼 크다'는 것으로 서방정토의 극락을 비유하고 있지요. 석련시 또한 이와 다르지 않을 겁니다. 석련지는 8세기 후반 제작된 걸로 추정됩니다. 법주사 개산 도반이라고 해도 과언이 아니지요. 어른 키보다 훨씬 큰 연지는 둘레도 장정 세 아름이나 되며, 연지형 석조에서도 가장 크고 석공이 정과 망치를 다룬 솜씨 또한 뛰어납니다. 석련지는 8각 받침돌에 버섯대 같은 기둥돌이 몸돌을 받치고 있는데, 구름무늬로 둘러 쌓여 있어 연지가 땅 위의 못이 아니라 하늘의 연못처럼 보입니다. 운기화생(雲氣化生)으로 석련지의 기둥을 보면 우주수(宇宙樹) 이상의 의미를 지닙니다. 구름은 비의 근원이자 생명의 본질이라고 할 수 있지요. 석련지에서 기둥돌은 꽃처럼 피어오르는 기운을 담아 청정한 극락세계를 세우는 버팀목과 같습니다. 구름은 판타지를 담아 정토세계와 하늘나라를 조형해내어 그 위 연꽃이 더욱 생명력이 있고 상서롭게 하는 거지요.

연꽃이 반개한 모양

석련지 몸돌은 별다방 커피잔같이 커 보이기도 하고, 초록별을 반으로 자른 것처럼 동그랗게 보입니다. 몸돌은 커다란 연꽃이 반개한 모양으로 둘레에 작은 연잎은 아래에 큰 연잎을 위에 돌려 법주사에서는 4계절 언제나 돌연꽃을 볼 수 있습니다. 석련지를 만든 장인은 만개한 연꽃을 형상화한 것이 아니라 반쯤

핀 걸로 다듬었지요. 화간반개(花看半開)를 안 걸까요? 연은 겹꽃이기에 만개했을 때보다 봉오리일 때나 반쯤 피었을 때 아름답다는 걸 알고 있던 거지요. 몸돌은 하나의 거대한 연꽃인데 올림연꽃을 8장을 새겨 넣었는데, 연잎 안에 보상화무늬로 화려함을 넣었지요. 석련지를 만든 석수장이의 마음엔 돌을 보면서 돌 속에 연꽃이 들어와 있었을 겁니다. 석공이 돌을 다스려 연꽃이 아닌 것을 모두 쪼았을 때 연꽃은 일주문을 걸어서 절마당으로 들어오게 되는 거지요. 법주사에 비로소 연지가 들어서는 순간입니다.

석련지 난간의 의미

석련지의 창의적 발상은 연지의 테두리에 난간이 있다는 점입니다. 연지를 마냥 그냥두기가 허전했을까요. 손상된 부분이 많아 이가 빠진 것 같아도 이것마저도 남지 않았다면 석련지의 온 모습을 그려보기는

『조선고적도보』의 난간(위)과 현재의 난간.

어려웠을 겁니다. 석련지의 난간은 크기로 보아 기능적인 의미가 아니라 분명 장식적인 요소로서 장엄함을 더 해주는 구조물입니다. 사악한 기운을 막고 연지 내부의 신성한 기운을 보호하고 경계하는 금줄과도 같이 보이기도 하고 시각적 안정성을 주지요. 곡선의 부드러움을 한층 뽐낸 석연지에게 절제와 우아, 정교와 풍성, 균형잡힌 비례 등을 들어 사람들은 칭찬을 하지요. 난간 없는 석련지를 생각할 수 없습니다.

지지 않는 천년의 연꽃

석련지가 주는 여운을 상상력으로 끌어들인 여러 시인의 시적 법거량도 많이 볼 수 있습니다. 미당 서정주는 석련지를 보고 "자세히 눈을 씻고 보면 몇 마리의 호법신의 사자가 이마로 이고 있는 건 불법의 상징인 연꽃이고, 또 그 피어 있는 연꽃 속은 맑고 향기로운 불법의 호수인 걸 본다"면서, '석련지식 미학'을 빌어 불교적 상상과 은유를 말하고 있지요. '세 마리 사자가 이고 있는 방에서/나는/네 얼굴을 마지막으로 나만 혼자 알고 있는/네 얼굴은 눈썹을 지워서/먼발치 버꾸기한테 주고//그 방 위에 새로 핀/한 송이 연꽃 위의 방으로/핑그르르/연꽃잎 모양으로 돌면서/시방 금시 올라 왔다'(서정주 「연꽃 위의 방」 부분)

석련지가 방으로 방 위의 연꽃으로 이르는 과정은 눈썹까지

천 년 동안 지지 않는 연꽃을 피게 한 사람은 누구일까. 사진은 유리건판으로 남은 석련지.

빼꾸기에게 주어버려야 보이는 쉽지 않은 길이지요. 핑그르르 시방 금시 말입니다. 참 여법한 돌 연못의 사연이지요.

한편 석련지는 지상에서 가장 가까운 하늘의 연못이기도 합니다. '저 아름다운 연꽃못 뵈시겠지/드높이 솟아 정토에 열려 있지/그 뿌리는 지옥에 박혔어도/연꽃잎이야 한없이 청정해도

/어리석은 자에겐 놀로 뵌다넌서?/이 몸은 어둡기 돌보다 더하면서'(박희진 「석련지 환상」 부분)라고 큰 돌연꽃 모양으로 연꽃은 뿌리가 지옥에 있어도 청정무구한 석련지를 보지요. 시인의 업장은 돌보다도 더 무겁고 어둡기에, 업장소멸의 서원을 세워 이슬로 녹아 연꽃못을 채울 때까지 기약을 하게 되는 겁니다. 연꽃물을 다 채우면 석련지는 비로소 연지로 서게 되며 자등명(自燈明)을 하는 거지요.

천년 동안 지지 않는 연꽃을 피게 한 사람은 누구일까요? 김주대는 그 석공을 찾고 있습니다. '돌 속으로 꽃을 찾으러 들어간 사내가/기어코/지지 않는 꽃을 들고 나왔다/돌 속을 돌아다니느라 목마른 사내는 집으로 돌아가고/그 꽃은 법주사 마당에 천 년 동안 피어 연못을 인 채/ 목마른 사내를 기다리고 있다'(김주대 「석연지」 전문) 돌속으로 꽃을 찾으러 들어가는 무모한 행위가 없었다면 오늘의 석련지는 없을 겁니다. '목마른 사내'는 누구일까요. 시인은 그 사내가 돌아오는 것을 바라지는 않습니다. 어디에도 꽃은 부재중이었을 테니까요. 중요한 건 '지지 않는 꽃'을 들고 나왔다는 거고 돌 속에 돌아다니느라 목이 말랐다는 겁니다. 그 '목마름'과 '연못'이 만다라의 그물처럼 연결되어 석련지가 석련지다워짐을 시인은 포착한 거구요.

절간에 석련지가 있는 곳은 속리산 법주사뿐입니다. 비밀의 사원처럼 석련지에 나툰 하늘거리는 연잎 몇 장과 꽃봉오리를 팔상전 뒤에서 살짝 훔쳐봅니다. 석연지엔 미륵부처님 얼굴도 보이고 지나가는 새도 쉬었다가고, 팔상전 처마도 하늘빛도 사람들의 마음도 고요하게 머물러 있습니다. '석공의 극진한 정성', '중생의 소망' 그리고 '돌이파리가 파르르 떠는'(임강빈 「법주사 석련지」), 천년 이상 지지 않은 가장 큰 연꽃을 만나려면 법주사에 가면 됩니다. 단언컨대 무거운 마음의 사다리를 한쪽에 내려놓으면 놓을수록 석련지는 우주의 울림을 보여줄 겁니다.

괘불을 거니 오색구름 내려오고

— 청주 안심사 영산회괘불탱, 국보 제297호

절 이름 따라 안심이 되는

노루귀, 복수초 오시더니 통도사 홍매화도 만개했습니다. 짙고 무거운 황사바람이 봄이 왔다는 걸 알게 하지만, 아직은 기다려야 하나 봅니다. 그런데 이게 뭘까요. 가까이에 있는 베란다 화분에 봄이 온 것을 놓칠 뻔했습니다. 겨우내 잠들어 있던 수선화 싹이 쏙 하고 올라와 있지 뭐예요. 뒤를 돌아보니 라벤더도 "나도 여기 있어!"라고 연한 보랏빛을 보여주고 있는 것이었습니다. 여러 겹의 무명을 뚫고 자기의 길을 뚜벅뚜벅 걷는 생명의 빛이 오늘따라 크게 보입니다.

안심사는 청주 구룡산 자락에 있습니다. 천년고찰이지만 그리 알려지지 않은 곳입니다. 절은 사동리에 있는데, 말 그대로 절골에 있다는 거지요. 절 앞의 마을도 '안심'이라고 불립니다.

안심이란 마음이 평평한 땅이 되는 것으로, 고적한 길을 걸어 산골을 지나 절골에 갈수록 길손의 모난 마음이 저절로 놓아지게 됩니다. 누구나 안심사에 오면 절 이름 따라 되는 것일까요. 개산 이래 향불이 꺼지지 않은 절 치고는 참 조용하고 아담한 도량입니다. 영규대사의 승병이 집결했던 안심사는 청주성 탈환의 교두보이기도 했습니다.

절간 입구에서 낮은 언덕을 오르면 세월을 알 수 없는 느릅나무 몇 그루의 기운이 장난이 아닙니다. 일주문과 사천왕을 대신하고 있는 것처럼 보입니다. 하늘 향해 뻗은 가지 모양이 천수천안으로 나투어 허튼 생각을 할 수 없는 곳이 바로 안심사이기도 하지요.

안심사는 산지사찰이지만 나지막한 곳에 있어 한때 인근 초등학교 중학교학생들의 단골 소풍장소이기도 했지요. 멀리는 부강이나 조치원에서도 올 정도였으니까요. “복스러운 누님만 해도/단골로 소풍갔던 안심사/잊었다가/모진 세파 몰려오면/꿈속에 그려만 보아도/늘 잔잔한 마음의 고향이었다”(안희두 「안심사」) 요즘의 체험학습이나 피크닉도 아닌 먼 거리를 걸어야 했을 테니, 안심사는 힘들고 어려울 때 생각나는 마음의 고향이었을 겁니다. 당시 소풍 기념사진을 보면 대웅전 앞마당에도 요사채나 전각이 있는 것처럼 보입니다. 동심의 어린이들에게 대웅전 싸리나무 기둥이나 칡덩굴 대늘보와 청기와는 어떻게 그러졌을까요.

괘불은 경건함과 환희심 솟아나게 해

안심사에서 안심을 주는 건 어쩌면 영산전 나무함에 보관되어 있는 300년 묵은 괘불이 아닐까 생각해봅니다. 괘불이라 함은 평상시엔 둘둘 말아 두었다가 절간에 큰 재가 있을 때 내어 거는 부처를 말하지요. 나라에 큰일이 있거나 기우제를 지낼 때에도 괘불을 걸었다고 합니다. 전각의 정적 공간과는 달리 괘불이 펼쳐지면서 그 마당은 열린 공간에서 야단법석이 벌어지는 거지요. 괘불을 펼치면 그 자리가 성지가 되어, 경건함과 환희심이 솟아나게 됩니다.

괘불을 펴고 지낸 재의 모습은 『세종실록』을 보면 헤아려 볼 수도 있습니다. "효령대군이 한강에서 7일 동안 열었다. 세 개의 단을 쌓았으며 승려 1천 명에게 음식을 대접하고 그들 모두에게 보시하였으며, 길 가는 행인에게까지 음식을 대접하였다. 날마다 쌀 몇 섬씩을 강물에 던져 물고기에게 마저 먹을 것을 베풀었다. 나부끼는 깃발과 일산이 강을 뒤덮었으며 종소리와 북소리가 하늘을 뒤흔들었으니 서울 안의 남자와 부녀자들이 구름처럼 모였다. 양반집 부녀자들도 더러는 맛있는 음식을 장

만해 가지고 그들을 대접하였는데 승려들과 속인이 한데 어울려 구분이 없었다."(『세종실록』 55권 세종 14년) 왕실 주관의 재가 아니더라도 괘불을 건다는 건 들을 거리, 볼거리 먹을거리가 있어 사부대중을 아우르는 화려한 축제마당이 사흘 밤낮으로 펼쳐졌으니 구룡산 일대가 장관이었을 겁니다. 안심 절골의 재는 어땠을까요.

세 번만 보면 극락왕생한다는 괘불

괘불은 아무 때나 펴지 않았습니다. 현재 대웅전 옆 괘불은 복사본으로 365일 괘불대에 서있는데 지나간 영화간판처럼 보이는 아쉬움이 있습니다. 괘불은 괘불함에 있어야 하고 재가 있을 때 괘불의식을 거쳐 사찰의 중앙에 모셔야 하는 거지요. 볼거리가 없었을 때 전각을 덮을 정도 큰 괘불은 장엄했을 겁니다. 대중들은 괘불 세 번만 보면 극락왕생한다 하여 백 리 노숙도 마다하지 않았습니다. 큰 괘불은 멀리서도 알아보기 쉽기 때문에 중생들의 염원을 이루어 줄 수 있는 신통력도 함께 한다고 믿은 거지요.

석탄일과 같은 특별한 날에도 괘불을 폈음을 알 수 있는데 "합천 해인사는 5월 15일 석가성탄축하회를 성대히 거행한 바, 이를 참관하기 위해 사방에서 내집하는 남녀노소는 수일 전부

안심사 영산회괘불. 세 번만 보면 극락왕생한다 하여 대중들이 백리 노숙도 마다 않고 친견하려고 정성을 들이는 괘불이다.

터 도로에 낙역부절하였으며, 홍하문 전후에는 괘불 화개 채등 가화로 찬란한 장식을 하였고, 염불소리는 중생의 취몽을 환기하는 듯 하였으며, 홍도여관 밖 도로 양측에는 임시 개설한 음식점 잡화점이 신시가지를 성하여"(동아일보, 1921. 5. 23.)처럼 사부대중이 운집하여 괘불과 함께 했습니다.

지금까지 남아 있는 괘불은 100여점 뿐인데, 국보는 10점도 되지 않지 않습니다. 석가의 영축산 법회를 재현한 안심사 '영산회괘불탱'은 국보로서 충청권 으뜸의 괘불이라고 할 수 있습니다. 석가모니의 영축산 석가설법을 상징적으로 재현한 그림이 영산회 괘불입니다.

남아있는 괘불탱에서 가장 많은 건 영산회괘불탱입니다. 법화경 서품에 근거하여 고스란히 옮겨 영산정토를 고스란히 옮긴 것이지요.

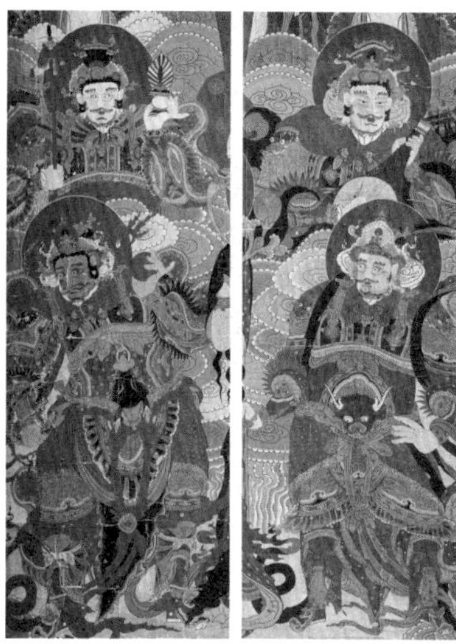

하단의 사천왕.

중음신을 달래고 중생을 위로하는, 기우재도 지내

17세기 이후 걸개그림이 많은 건 무슨 연유일까요. 큰 전쟁 이후 여유도 없었을 텐데, 괘불불사의 의미는 무엇을 의미할까요. 전쟁으로 초토화 된 국토, 굶주림, 역병 등의 피해로 구천을 떠도는 중음신을 달래고, 중생을 위로하며 어루만지기 위해서는 천도의식을 할 수밖에 없던 겁니다. 불교의식인 영산재는 원한을 위로하고 풀어주는 살림의 굿판이었던 거지요.

괘불을 옮기는 괘불이운을 시작으로 노래공양인 범패, 춤공양인 작법이 모든 중생에게 공양을 올리는 재는 불교의식의 꽃입니다. 최치원은 범패의 소리를 '금옥 같은 소리가 구슬프게 퍼져 나가면 상쾌하기도 하고 애절하기도 하여 능히 제천을 기쁘게 할만하다' 하였는데, 안심사 구룡산 자락에도 장엄한 생명의 기운이 법고와 풍경소리와 그윽했을 겁니다. 바라춤

상단의 오색구름과 화불.

안심사 전경.

나비춤 범패가 어울리고 허공에 걸리는 괘불 또한 눈부셔 사람의 마음을 움직이는 신비로움이 차오르는 거지요. 아쉽지만 일제 강점기 총독부 사찰령 이후 금지되었기에 불교의 사찰의궤는 쇠퇴의 길에 서게 되어 범패의 보존 차원에서 명맥만 유지되고 있습니다.

괘불과 기우제의 기사는 근대 신문에도 적지 않게 보입니다. '세존화상 하에 강우기도식'—괘불을 대로 광장에다 세우고, 역부 20여 명의 운반으로 큰 괘불을 옮겨(매일신문, 1915. 8. 15.), '괘불기우' —경남 옥천사 괘불을 내걸어 정성껏 기도한바 이앙도 넉넉하게 비내려(동아일보, 1927. 6. 29.), '남강변 사장에 괘불 걸고 기우제'— 승려와 민중이 정성껏 불공 하루 만에 빗발이 들었다(중외일보, 1929. 6. 28.) 등등. 괘불은 도량에만 있는 것이 아니라, 때에 따라서는 저자거리까지 걸어 소원을 이루게 하는 동시대의 아픔과 늘 함께 했음을 알 수 있습니다.

한때는 솔거작품으로도 전해져

안심사 괘불은 대개는 영산전 괘불함에 모셔져 있습니다. 괘불이 걸리는 날은 안심사 인근 사람은 물론 다른 지역의 사람도 산을 넘어와 구룡산 자락이 울긋불긋 했을 겁니다. 안심사 괘불은 대대로 비장되었다고 하는데, 전국적으로 알려지게 된 건 50

영산전 괘불함.

년이 채 되지 않습니다. 촌로들에게 구전된 이야기로는 솔거 작품이라고 전해지는데, 괘불에 대한 사동리 마을 사람들의 믿음은 솔거 이상일지도 모릅니다.

괘불에는 제작 년대, 제작자, 시주자, 재료 등이 기록되어 있는 화기(畵記)가 있습니다. 안심사 괘불 아래에 있는 화기를 보면 그림을 그린 그림은 신라의 솔거가 아니라 조선의 신겸이라는 화승을 중심으로 모두 9명이 그렸음을 알 수 있습니다. 화기는 불화의 이름, 조성 시기, 화승, 시주자 재료 등을 알 수 있는 탱화의 QR코드와 같지요.

안심사 영산회 괘불의 이름은 '괘불탱'입니다. 괘불 조성은 설산에서 원력을 살고 신행했을 정도로 큰 불사였지요. 왕실에서 괘불 조성은 하지 않았지만 임금을 비롯한 왕비, 세자의 수명장수를 기원했습니다. 전쟁 이후 안료를 구하기 어려웠기에 채색비용 또한 부담이 되었을 겁니다. 시주 물품과 시주한 사람들의 명단을 모두 기록했지요.

괘불은 혼자 그리기 쉽지 않아 불모(佛母)라 불리는 화승의 큰스님과 그 제자들이 그렸다고 보면 됩니다. 화승은 금어(金魚)라고도 불렀지요. 안심사 괘불은 어디서 제작되었을까요? 실제 괘불보다 더 큰 자리가 있었을 텐데, 지금의 대웅전이나 영산전은 아닌 듯합니다. 괘불보다 큰 전각이나 누각이 있지 않았을까요? 제작 기간은 청곡사, 장곡사 괘불이 40~60일 정도 걸렸다고 하니 그 이상은 아니었을 겁니다. 대개 괘불은 봄, 가을 비가 내리지 않은 철에 제작된 점으로 보면 영산회괴불탱도 마찬가지였을 겁니다. 괘불을 그리기 전 목욕재계를 하고 새 옷을 입고 금줄을 치고 신장불공을 올린 다음에 붓을 들었던 거지요. 법열삼매를 느끼며 괘불의 마지막 고비인 부처의 눈을 그렸을 신겸 스님을 떠올려 봅니다.

보살사, 비암사 괘불도 한 형제

안심사와 가까운 거리에 있는 낙가산 보살사와 운주산 비암

영산회괘불이 걸린 안심사 초파일.

사 괘불을 그린 신겸은 조선 3대 화승의 한 분입니다. 비암사 괘불은 안심사 괘불의 도상 배치와 구도가 한 모본으로 보입니다. 삼사 순례를 하며 괘불 모두 만나는 서원을 세워봅니다. 신겸 채색의 특징은 주홍과 흐린 녹색을 많이 사용하였고, 부처와 보살은 황색, 나한은 흰색과 붉은색 느낌이 강합니다. 보색 대비하여 본존의 신비로운 인상을 심어줄 뿐만 아니라 화려함과 입체감을 갖게 한 거지요.

신겸은 석가모니를 중심으로 권속들을 산(山) 모양으로 놓아 위계에 따라 좌우 대칭으로 정렬시켰습니다. 한가운데 당당하고 근엄함의 부처 모습에서 조선인의 모습을 그려봅니다. 키 모

단양 구인사 영산재.

양 광배는 아무리 봐도 질리지 않습니다. 광배 문양의 섬세함은 어떻구요. 석가모니의 옷 주름과 옷감의 문양은 얼마나 세밀한지요.

본존불과 멀어질수록 벽지불과 화불의 크기는 작아져 위로 갈수록 천계의 세계는 오히려 좁지만 넓은 느낌과 상승효과를 줍니다. 얼굴의 색채로도 깨달음의 깊이를 짐작할 수 있습니다. 도록에 갇힌 괘불과는 달리 허공에 걸린 괘불은 부처의 서사적 재현 이외의 어느 방향에서도 균형 잡힌 비례를 보여 주어 큰 호흡을 머금게 합니다. 영산회상의 수많은 대중과 모든 보살과 제자를 표현하지 않고 가감하여 그렸기 때문에 괘불에 등장하는 권속의 이름을 알기는 쉽지 않습니다. 괘불의 중심에 석가모니인 것은 당연하고 그를 둘러싼 여러 호위신중과 권속을 표현한 것으로 법화경전에 따라 충실히 그린 거지요. 전방 좌우의 보현보살과 문수보살 가섭과 아난의 경우는 지물이나 얼굴의 모습으로 추정할 수 있습니다.

부처의 정법을 수호하는 사천왕상이나 신장은 괘불의 내용을 보호하는 거지요. 괘불 아래의 부처님을 수호하는 사천왕상이 자리하고 있지만 위엄이 있거나 부리부리한 눈이 아니라 하얀 눈에 단순한 점 하나가 친숙하게 느껴집니다. 천상의 공간인 상단의 오색구름은 화불이 타고 다니는 구름일까요. 꽃구름 켜켜이 이어져 상서로운 기운에 천녀들도 노래를 부르며 금방이라도 내려올 듯합니다. 그림을 그리는 것도 수행의 하나이기 인지라 회향을 할 때까지 신겸은 지극정성을 다했을 겁니다. 괘불을 만나고 오는 길 허장무 시인의 「안심사 가는 길」을 펴니 '안심'의 울림이 풍경처럼 내려옵니다.

잠종장 탱자 울타리 한참 지나
길게 논둑길 넘어서면
가을 햇살 아직 등때기가 따숩고

명암지들 지나온 바람
보푸라기 한 옴큼씩 달고
풀씨 몇 알 아무데나 몸을 낮춘다.

문득 안심사 대웅전
댓돌 위에 평안히 앉아
가물가물 탱화나 바라볼 나이

뉘엿뉘엿 해 다 기우는 때
인가의 감나무들 잎 다 떨구고
비로소 홍시를 익히고 있다.

— 허장무 「안심사 가는길」 전문

편안한 풍경입니다. 안심사 대웅전에서 시인은 무엇을 보았을까요. 어느 가을날 다가온 '따뜻함'과 '낮춤'은 저절로 들어서는 것은 아닙니다. 시인이 댓돌에 앉아 발견한 건 잎을 다 떨구고 홍시를 익히고 있는 감나무입니다. 홍시를 바라본다는 건 단순한 바라봄이 아닙니다. 소멸의 계절에 거스르지 않고 자연의 순리를 드러내고 있는 그 무엇을 비로소 보게 된 거지요. 거기 바로 '안심'이 있고 시인은 아무 말도 하지 않습니다.

달빛 메인
팔봉산 자락
둘둘 말려 있던
캉캉한 얼굴

남은 살붙이
헝클어질까봐
미호천 바람은
풍경소리와 몸을 섞고

묵은 두릅나무
탁발 간 사이
세작 한잔 들고
더듬더듬
괘불 들어오신다

— 졸시 「안심사 괘불」 전문

안심사 괘불은 얼마나 오랫동안 괘불함에 누워 있어야 햇빛과 바람 한 줌을 만날 수 있을까요. 하안거나 동안거 때에 도반

괘불끼리 가끔은 만행을 다녀오기도 하겠지요. 묵은 세월만큼이나 착하게 늙은 영산회상의 장엄함을 보기 위해선 삼대가 복덕을 쌓아야 하는 걸까요? 안심하세요. 1년에 한 번 걸리는 안심사 괘불을 보려면 구룡산에 와야 합니다. 내 마음의 먼지를 털지 않더라도 무거운 마음이 가벼워질 테니 절대 안심하시고요.

들어라! 저 울림을, 고구려 후예라면

— 충주 고구려비, 국보 제205호

넓은 기상과 웅혼한 가슴

몇 해 전 최고 가격에 경매되어 화제가 된 백석 시집 『사슴』이 실시간 검색에 올랐습니다. 100부 중의 1부라 하여 당시 출판기념회의 기사를 찾아보았지요. '출판기념회합'이란 자리였는데요. 1936년 1월 29일, 오후 5시 30분, 장소는 태서관. 회비는 1원, 발기인은 안석주, 이원조, 허준, 김기림이었습니다.(동아일보 1936. 1. 29.) 어떤 자리였을까 궁금하지만, 이날 참석한 사람들은 『사슴』 한 권씩 갖고 있지 않을까요. 과연 누구의 소장품이었을까요. 켜켜이 먼지 쌓인 어느 책방에서 "나도 여기 있어!" 하고 나왔으면 좋겠습니다.

백석의 시를 보면 우리가 잊었던 북방의 체험 공간들이 음식과 더불어 호방하고 웅건한 역사적 상상력을 자극합니다. 그가

반주행을 한 것도 이와 무관하지 않을 겁니다. "나는 문득 가슴에 뜨끈한 것을 느끼며/소수림왕을 생각한다. 광개토대왕을 생각한다"(백석 「북신(北新)」) 시인은 "털도 안 뽑은 돼지고기를 시커먼 맨 메밀국수를 얹어서 한 입에 꿀꺽 삼키는" 사람들을 바라보며 고구려를 떠올린 거지요.

백석은 더욱 경계를 넓혀 흥안령산맥과 아무르강이 있는 만주벌판까지 북방에 관심을 갖게 됩니다. 그 북방의 중심엔 고구려라는 나라가 있음을 알 수 있지요. 백석이 가슴에 느낀 '뜨거움' 속 대륙기질이 그대로 전해옵니다. "뜨거운 남도에서 광활한 만주벌판"이란 노랫말을 핏줄 세우며 부른 것도 고구려의 드넓은 기상과 웅혼이 가슴 깊이 올라오기 때문이었을 겁니다. 노래를 부를 때마다 가슴 뜨겁다는 건 여전히 대지를 달리던 기질이 남아 있기 때문일까요.

대장간 담벼락에 박혀 있던

충주 입석마을에 무심히 서 있는 비석이 있었지요. 어떤 사연인지는 모르지만 마을 입구 밭머리 길 건너 대장간 벽 모퉁이와 나란히 있었다고 합니다. 비석은 대장간 담벼락에 박혀 있어 눈에 띄지 않았을 겁니다. 햇빛과 바람을 막는 흙벽의 풍경으로 있던 거지요.

충주고구려비.

방죽벌 가는 길, 흙벽돌집 대장간은 있다
퇴락해 가는 흙벽돌 빛 노구(老軀) 개발 바람 불어
이제 호미 낫가락 하나 찾는 사람 없어도
장날에도 화덕의 불 간병 앓는 낯거죽처럼 꺼져가도
아침이면, 밤새 재속에 고이 묻어둔 씨불을 깨우는 풀무질 따라
코스크의 불꽃은 다시 살아나고, 벌겋게 달구어진
침묵의 쇠를 두들겨 묵묵히 하나씩의 형상을 만들어 내는 모습

— 김신용 「방죽벌 시편1-대장간을 지나며」 에서

「방죽벌 시편」에서 우리는 입석마을의 대장간을 엿볼 수 있습니다. 모퉁이 어딘가에 괴어 있던 빗돌은 대장간과에서 담금질 소리와 화로의 열기를 고스란히 간직했을 거구요. 때론 묵묵히 대장장이가 만들어낸 새로운 생명을 마주하며 사람 살아가는 이야기도 나눴겠지요. 이젠 대장간 화로의 불씨도 볼 수 없지만, 벽에 숨어 있던 비석에게 말을 걸며 주의를 기울여야 할 순간이 옵니다.

대홍수 때 수장 당할 위험도 있었지만, 빗돌은 마을 초입에 다시 세워져 때로는 사람들에겐 치성을 드리는 선돌 역할을 하기도 했습니다. 개구쟁이 아이들에겐 놀이터이기도 했고요. 기

최초 발견 당시 충주 고구려비. 이끼에 덮여 있는 모습.

나긴 세월 싵은 이끼에 덮여 공들여 깎지 않은 천연의 비 모양 때문에 예사롭지 않은 돌이나 백비인 줄만 알았던 거지요. 내려오는 이야기에 따르면 마을의 땅 경계를 나누는 기준이었다고도 합니다.

측량 기술이 없던 시절 덩치 큰 빗돌이었기 때문에 표지와 방향의 역할은 충분했을 겁니다. 너무 가까이에 있어서 마을 사람들에겐 자신의 일부였고 일상이었습니다. 비석은 언제부터 여기에 있었는지 모르지만, 정녕 그걸 알아주는 사람은 아무도 없었던 겁니다.

고구려 남진정책 확인할 수 있어

입석마을은 비석이 있기에 불리던 이름입니다. 입석마을로 불리지 않았다면 충주 지역은 고대사의 공백지대였을지도 모릅니다. 마침내 타임캡슐과 같은 고구려 비석을 찾게 된 것도 마을 이름 때문입니다. 마을에 놓인 이름 없는 빗돌이 한반도 유일의 고구려비일 줄은 아무도 몰랐습니다. 혜성처럼 등장한 고구려비는 고대사학계를 흥분의 도가니로 만들었습니다. 1500년이 지난 충주골 입석마을에서 부활의 숨을 쉬게 된 비석은 일약 스타가 되었습니다. 그만큼 고구려비의 가치를 말해주는 거지요.

빗돌의 모양은 광태토대왕비의 축소판입니다. 자연석을 거칠게 다뤄 마치 비의 머리를 다듬지 않은 두툼한 인상이 고구려의 굳건한 기개가 살아 있는 것 같습니다. 크기는 작지만 고구려의 단단하고 투박한 기질을 그려 볼 수 있는 거지요.

충주고구려비로 이름이 명명되어 오랜 시간이 흘렀지만 비문에 담긴 이야기를 푸는 일은 쉽지 않아 보입니다. 대규모 학술회의를 통해 200여 자 정도 판독했지만 인명이나 지명, 비문의 내용과 건립 연대와 비의 성격에 대해 많은 견해차가 있기 때문이지요. 충주고구려비의 발견으로 고구려와 신라의 관계와 국내성-평양성-국원성으로 이어지는 고구려의 남진정책을 확인할 수 있습니다.

비밀의 주름 채워야

충주고구려비를 엿보기 위한 작업은 이제 시작인지 모릅니다. 비문을 읽는 다양한 시도에도 고구려의 심상지리는 녹록치 않아 보입니다. 비문으로 들어가는 흔적을 따라 가다보면 비밀의 주름도 채울 수 있을 겁니다. 몇 가지 공통적인 점을 들어보면 건립 시기는 5세기 중반 장수왕 시절로 봅니다. 이 시점에 삼국의 중심축은 고구려와 신라였기에 고구려는 비문에 형제관계[如兄如弟]로 정한 거구요.

충주고구려비 전면 습영 모습.

충주고구려비 옆면(자외선 촬영).

고구려는 신라 마립간을 불러 하늘에 약속하고 의복을 하사했습니다. 의복을 내렸다는 건 고구려가 우월적 존재였다는 걸 확인할 수 있는 거지요. 고구려의 위상을 대내외에 과시하는 천하의식이 비문에 깔려 있습니다. 양국 간의 국경선에 대한 내용이 마멸된 부분에 있는지 확인되지 않기에 충주고구려비를 정계비로 보기는 어렵습니다. 비문의 회맹적인 내용의 비중을 들어 정략적 회맹비로 보기도 합니다.

산빛으로 오는 마음

남한강변을 따라 충주고구려비를 만나면 고구려의 함성을

사학계 원로 현장 판독.

들어야 합니다. 비문에 나오는 '수천(守天)'이 단지 하늘을 지키는 것에 끝나는 것이 아니라, 나의 중심과 세계 질서를 생각하게 합니다. 그 마음은 멀리서가 아닌 산빛으로 와야 합니다.

몸 낮출수록 우람하게 다가서는 저 산빛

떡갈나무 잡목 숲 흔들고 오는 문자왕 그의 호령 중원 고구려비
돌기둥 휘감아 도는데 들리는가, 산울림 우렁 우렁 일렁이는

찾찾찾찾자되찾자…기찻소리, 하늘의 소리

— 윤금초 「중원, 시간여행」에서

마을 창고에서 진행된 판독 장면.

늘 바라보는 중원의 산빛은 스스로 몸을 한없이 낮출수록 우람하게 다가옵니다. 광활한 중원의 푸른 초원이 무겁게 들어온 거지요. 시인은 고구려비를 보며 광개토왕-장수왕으로 이어지는 고구려 전성기의 문자왕의 우렁찬 고함을 듣습니다. 그 울림은 오늘의 꿈으로 되살아 기차 소리로 산울림으로 하늘의 소리로 오는 겁니다. 충주고구려비를 만나면 반드시 챙겨야 할 것이 바로 울림입니다. 고구려의 옛 영토를 남의 땅이라고 생각하는 사람이 아무도 없는 것처럼 시인의 바라는 꿈은 시간여행과 함께 울림으로 고구려비에게 다짐합니다. 국원성인 충주에서 국내성까지 달리는 기차 소리도 '칙칙폭폭'이 아닌 '찾자찾자' 염원으로 들립니다.

충고구려비 전시관 전경.

옷깃을 여미게 하는 이 바람은 무엇이냐
장수왕이 세운 중원, 고구려비에 다가갔을 때
한여름 폭염 아래서도 선뜻한 이 기운은 무엇이냐
주몽이 살았던 오녀산성과 환도산성에서부터
광개토대왕에 이어 만주벌판까지
다시 충북 충주까지 영토확장의 깃발을 꽂았던
장수왕이 일으킨 고구려 바람소리이냐
지금도 귀에 쟁쟁하게 들리는 호령소리냐

— 김금용 「고구려의 바람-중원고구려비」

고구려비의 긴 이별과 짧은 만남에서, 시인은 옷깃을 여미게 하는 바람과 선뜻함을 온몸으로 느낍니다. 한여름 폭염임에도 고구려 바람소리로 여전히 생생하게 들리는 장수왕의 호령은 어디서 오는 것일까요. 고구려인의 후예라면, 한겨레의 살붙이라면 당연히 맞이하고 고구려비가 지르는 함성을 들어야 할 겁니다. 바로 충주고구려비의 존재 이유이며, 고구려 바람맞이 하러 중원에 가는 까닭입니다. 만주 벌판이 봄을 입을 때까지 말입니다.

사자도 두 발을 세운, 무명의 바다를 밝힌 등대

— 보은 법주사 쌍사자석등, 국보 제5호

석등이 많은 절간

하늘도 붉고 산도 붉은 속리산의 가을은 불길에 싸인 것 같습니다. 일찍이 함허 스님은 '물이 맑아 붉은 빛 서로 다투고/온산엔 물든 잎들 소나무 가지에 기대었네'라고 속리산의 가을 풍경을 노래하기도 했지요. 법이 머무는 절 법주사로 가는 길. 만추의 홍엽을 그냥 두지 않았던 거지요. 가을이 되면 속리산은 단풍을 타고 속세의 사람들에게 '속리'하라 재촉하며 이름값을 합니다.

속리산 자궁에는 천년고찰 법주사가 들어 있습니다. 법주사는 국보와 보물이 많은 사찰로 유명하기도 하지만, 석등이 많은 도량이기도 합니다. 무려 4기나 되지요. 법주사 하면 사람들은 팔상전과 더불어 쌍사자석등을 꼽습니다. 그러나 4기의 석등을 나보시 못했다면 법수사 구경을 제대로 못한 셈입니다.

흔히 우리나라를 석탑의 나라라고도 하지만 석등의 나라라고 불려도 손색이 없을 정도로 많은 석등을 가지고 있습니다. 280기의 석등이 남아있으니까요. 주변 국가나 불교의 발생지에서도 거의 찾아 볼 수 없는 것을 보더라도, 석등은 우리나라에서 이룩한 고유의 불교예술품으로 볼 수 있습니다.

석사자광명대라고도 불려

석등은 사찰에서 불을 밝히는 도구만은 아닙니다. 넓은 도량을 석등으로 환하게 비출 수 없을 뿐만 아니라, 석등은 또한 아무데나 제 마음대로 서있지 않습니다. 절집에서는 석등을 불등(佛燈), 헌등(獻燈)이라 하였는데, 법주사 사적에 석사자광명대(石獅子光明臺)란 기록이 있는 것을 보면 '광명대'라고도 부른 것 같습니다.

불교에서는 어둠을 무명(無明)이라 하지요. 무명의 바다에서는 막막한 항해만이 있을 뿐입니다. 어둠이 빛을 이겨본 적이 있을까요? 무명의 바다를 밝혀주는 등대가 석등이라고 할 수 있지요. 내 안에 있는 광명을 보는 행위가 바로 자성(自性)으로 어두움을 소멸시키는 거지요. 등불은 진리이자 바로 부처를 즉 깨달은 자를 상징한다고 볼 수 있습니다. 불가에서 불상이나 석

쌍사자석등 정면

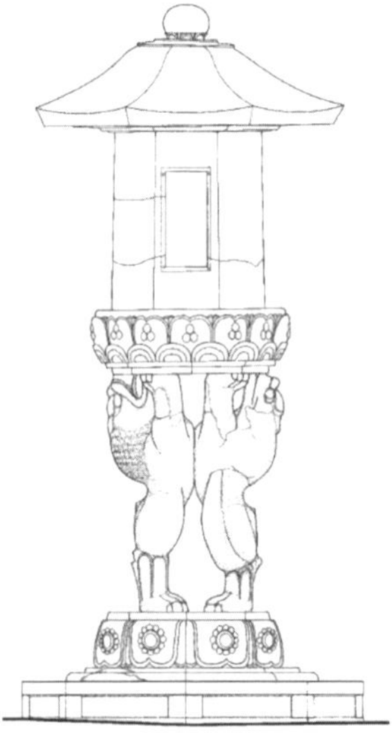

쌍사자석등 측면도

쌍사자석등 서편

탑에 못지않게 자리를 차지하고, 공양에서도 등공양을 으뜸으로 삼는 것을 보더라도 알 수 있지요.

사자는 절대적 힘과 위엄을 나타내

우리나라에 사자가 등장하기 시작한 것은 삼국시대부터입니다. 통일신라에 들어서는 일상 생활용품까지 사자의 얼굴이 들어왔을 정도로 친밀히 지내기도 했고요. 백수의 왕인 사자는 절대적인 힘과 신성함 그리고 위엄을 나타내어 부처를 대신하는 말입니다. 절집에서는 사자를 통하여 신성함과 숭배·존경의 마음을 담아 여러 조형물을 받들고 있는 거지요. 석등의 불은 불(佛)이기도 하지요. 불을 밝혀 진리의 광명을 선사하는 석등은 4개의 창으로 피안의 세계로 중생들을 인도하는 겁니다.

팔각기둥의 전형을 깨뜨린

석등은 밑으로부터 기단부의 무게를 지면에 분산시키는 하대석, 상승감을 높여주는 기둥돌인 간주석과 상대석, 화사부의 화사석, 지붕돌인 옥개석과 상륜부로 나눠 볼 수 있습니다. 법주사의 경내에 있는 석등에서 가장 유명한 것은 국보 5호인 쌍사자석등입니다. 석등의 꼴에서 본다면 쌍사자석등은 일반형 석등이 아닙니다. 신라 석공은 오랫동안 지켜왔던 단조로운 팔

동자승과 쌍사자석등. 왼편 처마가 팔상전이다.

각 기둥에 아무도 생각하지 못했던 사자란 녀석을 등장시켰던 거지요. 지금으로 본다면 아무것도 아닌 것 같지만 발상의 전환이었던 거지요. 전형을 깨트리는 것은 쉬운 일은 아니었을 겁니

『조선고적도보』의 쌍사자석등. 오른편 처마는 원통보전이다.

다. 통일신라 시대의 쌍사자석등은 법주사 쌍사자석등·영암사지 쌍사자석등·중흥사지쌍사자 석등 모두 3기가 남아 있습니다. 그 중에서도 법주사 쌍사자석등이 연대가 가장 빠르고 조형미도 아름답다고 할 수 있습니다.

일자 축의 중심에 서 있어

쌍사자석등은 팔상전과 대웅보전 사이에 있습니다. 금강문에서 시작되는 일자 축의 중심에 있다는 것을 알 수 있지요. 높은 탑과 전각 사이에서 석등은 등화시설이라는 기능적 측면으로도 볼 수 있지만, 중심축에 자리하고 있는 등불은 여래장으로 가는 길을 밝혀주는 등불과도 같다고 할 수 있지요. 천년 전으로 돌아가 보면 법주사에 석등이 꽤 많았던 모양입니다. 석등의 부재들이 가람 여기저기 산재해 있는 것만을 보더라도 알 수 있지요. 때로는 눈에 보이지 않지만 퍼즐 맞추듯 마음의 눈을 열어 등불을 켜보는 것도 좋을 듯합니다.

다시 쌍사자석등으로 돌아가 보지요. 석등의 키는 3m가 조금 넘습니다. 안타깝지만 보호각에 가려 전신을 보기 어렵고, 주변경관과도 그리 어울리지 않습니다. 대웅보전 앞의 사천왕석등을 보면 짐작할 수 있지요. 보호각이 없는 쌍사자석등의 지난 사진들이 바로 본래의 모습이지요. 과문한 탓이지만 지붕이 있는 석등을 보지 못했습니다. 함께 서 있은 지 오래된 보호각은 석등의 원래 집처럼 보이기도 합니다.

신라인의 신안특허

쌍자자석등은 두 마리의 사자가 서로 가슴을 맞대고 화사석을 두 팔과 입으로 받치고 있는 형상입니다. 보통 사자의 모습은 좌상인데 비해 입상의 모습은 불편한 자세임에 틀림없습니다. 석등의 수직 지향적 높이가 수미산까지 닿아있다고 상상한다면 직립의 사자상 또한 이해할 수 있습니다. 간주석을 대신한 사자 외에 다른 동물들을 생각해보는 것도 재미있는데요, 석등이 담고 있는 내용과 형식에 잘 부합되는 것을 찾기란 쉽지 않습니다.

삼불 김원룡(1922~1993)은 쌍사자석등의 예술성을 평가하면서, 신라인의 발명이고 신라의 영토 안에서만 볼 수 있는 신라인의 신안특허라고까지 했지요. 신라의 석공은 어떤 마음을 갖고 사자상을 다듬었을까요. 사자의 골격과 근육은 석공이 내리치는 정과 망치에 굵은 팔뚝과 땀과 영혼처럼 자리한 것이 아닐까 생각해봅니다. 망치 소리가 속리산을 쩡쩡 울리기 시작하면서부터 석수장이는 조형미를 통해 그의 서원을 유감없이 보여주고 있는 거지요

암수 논쟁의 쌍사자

쌍사자석등은 간주석을 치환한 쌍사자를 빼곤 석등의 전형

에서 벗어나지 않기 때문에 사람들의 눈길은 쌍사자로 모아집니다. 참 옹골찬 모습이지요. 땅을 딛고 서있는 뒷다리의 근육이 장난이 아닙니다. 석등을 받치고 있는 앞다리도 기운이 강렬하여 천왕봉까지 뻗을 것 같습니다. 잘록하며 섹시한 허리와 탱탱한 엉덩이의 뒤태는 네 발의 근력과 다른 여성성의 라인을 강조하여 부드러움을 읽을 수 있게 합니다. 엉덩이의 꼬리는 흔적뿐 이지만 뒷머리 끝까지 올라왔을 겁니다. X축 모양으로 양 다리를 벌리고 있는 자세는 더욱 안정감을 줍니다. 사자가 한 마리였다면 어땠을까요.

대칭형 같은 쌍사자석등을 잘 살펴보면 '대칭속의 비대칭'을 발견할 수 있습니다. 비대칭은 동적인 운동감을 보여주며 절제된 파격도 느낄 수 있게 하지요. 쌍사자석등을 잘 보면 사자 한 마리는 두 팔과 입으로 온힘을 다함에 '아'(阿) 하고 입을 벌리

사자의 입 모양 '흠'

사자의 입 모양 '아'

오가와 게이키치, 1930년

유리건판 쌍사자석등

고 있고, 다른 한 마리는 '흠'(吽) 하고 있음을 알 수 있을 겁니다. 힘에 부쳐 '아' 하고 입을 벌린 사자와 굳게 입을 다문 사자를 갈라서 암수를 구별하기도 합니다. 사자의 더욱 잘록한 허리와 불룩한 근육과 강인한 다리를 통해서 이야기하기 좋아하는 사람들은 암수 논쟁을 벌여 묵언정진을 하고 있는 녀석을 수사자로 보는 듯합니다.

진리의 빛 수호

쌍사자석등에서 놓쳐서는 안 될 것은 입모양에 드러나는 불교정신이지요. 사자의 불끈한 근육과 부릅뜬 눈을 보면 석굴암의 금강역사와 그 입모양을 연상시킵니다. '아'와 '훔'은 산스크리트어의 시작과 끝, 생성과 소멸, 창조와 파괴를 의미하지요. '아'와 '훔'이 합쳐지면 진언의 시작이 되는 '옴'이 되는 거구요. 비로소 힘자랑하는 사자에서 시작과 끝을 잇는 불멸의 지혜를 전법하는 인격으로 사자는 승화됩니다.

석등에서 실제 등불이 있는 화사부는 불타의 꺼지지 않는 자비광명을 상징하지요. 부처의 진리가 두루 화창으로 퍼져 무명의 두려움을 밝히는 창구인겁니다. 석등에 사자를 장식한 이유는 백수의 왕인 사자가 그 위력으로써 진리의 빛을 수호할 수 있다는 믿음이 있기 때문이지요. 쌍사사석등의 화사부는 다른 석등에 비해 비교적 큰 편입니다. 등화를 크게 내고픈 석공의 욕심 때문일까요. 아니면 사자의 기운을 감안해서 조형미를 유감없이 보여준 것일까요. 석공은 화창도 넓게 내었는데, 등불을 밝히려는 것도 있었겠지만 부처님 법이 전해지기를 간절히 바라는 마음으로 만들었을 겁니다.

등불 얻은 자의 숙명

신라의 석공이 조각한 쌍사자석등은 시인에게도 포착되어

더욱 생생하게 재현되기도 하고 외연과 내포 또한 확장되어 등불을 켜게 됩니다. 석공이 땀을 흘리며 만든 보람이 오늘에 재현되는 순간이지요. 많은 전란과 중창에도 오롯이 자리를 지킨 석등의 우직함이 발현되고 있는 거지요.

법이 안주할 수 있는
탈속의 절 법주사
대웅전과 팔상전 사이에
천하 호령하던 사자 한 쌍이
연꽃으로 감싼 석등 높이 들었다
하늘엔 용이요
땅에 백수의 왕은 사자다
몸통과 다리에 저 근육을 보라
가슴에 맞대고 힘 모아
갈기 날리며
두 눈은 창공을 날 듯 기세가 등등하다
신라의 숨결이 살아
맥박이 뛰고
승리와 희망의 불 밝히고
한마디 불평도 없이

그렇게 일천삼백 년을 살아오지 않았는가
이 땅에 사자의 호통이
천지를 진동한지 오래건만
속리에서 여울져 간 메아리는
아직도 돌아오지 않았다
석등에 불 밝히고 한 쌍의 사자가
무리를 이끌고 달려간다
지구 저편까지
새로운 실크로드를 향해서…

보은이 고향인 장은수 시인의 「쌍사자석등」 전문입니다. 시인에게 쌍사자석등은 단지 무거운 유산으로 남지 않습니다. 신라의 석공과 같은 마음으로 쌍사자석등을 노래한 시인에게, 오랜 시간 함께했던 도반과도 같은 석등이 있는 장소는 또 다른 화두를 들게 한 거지요. 석등의 기세등등한 기운을 받은 것처럼 읽은 것일까요. 삶의 나침반으로서 사자는 그에게 싱싱한 야성의 회복을 보여줍니다. 속리에서 나간 사자의 울음이 어떤 모습으로 돌아올지 참 궁금하게 합니다. 쌍사자가 오랜 시간 동안 제자리에 있음을 간파한 시인은 석등을 이고 있는 사자에게 출세간의 용맹정진을 요구합니다, 그것이 비로소 등불을 얻은 자의 숙명임을 알기 때문이지요. 장은수 시인에게 쌍사자석등은 새로 디지털시대의 공양으로 불을 피우는 모습입니다.

풍장의 시인 황동규는 바람처럼 거슬림이 없지요. 속리산 법주사 그리고 쌍사자석등으로 오기 위해 말티재를 넘습니다. 겨울바람을 쐬고 싶은 황동규에게 어떤 일이 있었던 것일까요. 무슨 이유인지 모르지만 그는 속리산 법주사와 쌍사자석등을 돌아보지요. 하지만 그가 정녕 보고 싶은 것들은 속세를 떠난 눈먼 자에게 보이지 않는 점이지요.

꽝꽝 언 길 달리고 싶어
불현듯 집을 나서
하루종일 겨울 옷 제대로 걸친 산 찾아다니다
속리산 법주사에 닿았다
지난 장마에 파인 언덕이 기다리고 있을 뿐
난생 처음으로
쌍사자석등이 나를 기다리고 있지 않았다
석등 받치고 선 두 사자의 잘룩-섹시 허리
그냥 모르는 체 지나쳤다
꿈결처럼

— 황동규 「꽝꽝 언 길 달리고 싶어」

시인은 겨울을 입은 설경의 산을 찾았지만, 시인에게는 장마에 파인 언덕만이 보일 뿐입니다. 세속을 떠나온 자리에도 여전히 다른 것이 없기 때문인데, 이때 이상한 일을 감지하게 된 거지요. 늘 기다리던 쌍사자석등도 기다리지 않았고 늘 밝게 해줬던 사자의 섹시한 허리마저 보이지 않다니 말입니다. 그런데 쌍사자석등은 언제나 그 자리에 있었다는 점입니다. 석등이 나를 기다리지 않은 것이 아니라 누구나 기다리고 맞이하였다는 거지요. 만나지 않은 것은 석등이 아니라는 점이요. 잘 알고 있는 것들이 모르는 체 지나쳤을 때의 황당함에 상심은 컸을 거예요. 쌍사자석등도 시인의 마음을 눈치챘을 것 같네요. 다음날 사하촌에 소리 없이 찾아온, 겨울옷을 잔뜩 입은 마당의 모습에서 시인은 '눈'이란 진주를 발견하지요. '꽝꽝 언 길'을 달리고 싶거나 '불현듯 집'을 나서는 행위를 보더라도 꼭 기대했던 것은 아니지만요.

언제든지 진리의 빛이 그리워 어둔 세상을 밝히고 싶다면 신라의 석공처럼 속리산 법주사에 가야 합니다. 쌍사자석등은 도회의 가로등이나 샹들리에와 같이 대낮 같은 빛을 닮으려 하는 것이 아닙니다. 석등은 밤의 어둠을 보기 위해 세속을 떠난 이에게 갈 길을 비춰주는 으스름한 불빛일지도 모릅니다. 촉광이

무섭다고 무명의 세계가 가라앉는 것이 아니기 때문이지요. 쌍사자석등은 다시 세속으로 돌아가는 사람들에게 각자의 마음에 스스로를 비추는 등불을 요구하네요. 바람의 종을 빌려 자기가 갖고 있는 하나의 등불을 잘 지키라고요.

마침내 아미타 세계를 얻은 백제의 숨결

— 계유명 전씨 아미타불비상, 국보 제106호

조화, 배려, 소통의 자리

봄날 같은 겨울 우암산 우회도로를 걸으며 긴 무명의 바다를 돌아봅니다. 부지런한 겨울나무는 온 힘을 다해 땅의 기운을 무거운 침묵으로 받아들이고 있고요. 성질 급한 새순은 봄자락이 그리웠던지 빼꼼 고개를 들어 무심천을 바라보기도 합니다. 고단한 걸음에 저절로 호흡이 무거워질 무렵 멀리 상당산성이 보입니다. 산행을 하며 서로 다른 꿈을 꾸는 사람들을 만나 눈인사도 합니다.

청주의 진산인 우암산 동쪽 기슭에 국립청주박물관이 있습니다. 건축가 김수근(1931~1986)의 유작이기도하지요. 겹겹이 성으로 연결된 것처럼 보이는 박물관은 주변 환경과 잘 조화되어 유물을 만나거나 체험하고 이야기 할 수 있는 편안한 마당

국립청주박물관 전경.

입니다. "건축은 빛과 벽돌이 짓는 시"라고 말했던 김수근의 철학을 고스란히 담아내고 있는 장소이기도 하고요.

그의 건축미학을 조화, 배려, 소통으로 정리해본다면 그것을 한꺼번에 펼쳐놓은 곳이 우암산 능선입니다. 자연과의 조화, 사람과의 배려, 자연과 사람과 건물과 소통을 통해 요즘 유행하는 '채나눔'을 볼 수 있지요.

출입구부터 이어지는 낮은 성벽은 자기 영역을 지키려는 폐

쇄적 공간을 보여주지 않습니다. 오히려 가까이에 있는 자연과 잘 어울려 멀리 있는 상당산성의 허리와 이어지는 것처럼 보입니다.

빛의 침묵과 자연의 언어

한없이 낮은 자세로 앉아 있는 박물관은 위엄이라고는 찾아볼 수 없습니다. 박물관은 사람들에게 내부의 전시공간과 외부의 자연공간이 수시로 교류하게 합니다. 여느 박물관과 달리 탐방객은 역사를 되새길 뿐만 아니라 빛의 침묵과 자연의 언어를 읽게 되는 거지요.

루브르 박물관에 '모나리자', 부여박물관의 '백제금동대향로'처럼 각 박물관의 대표 유물을 정한다면 당연 청주박물관은 불비상을 들어야 합니다. '연기파 불비상'이라 불리는 흔치 않은 불비상 3점—계유명전씨아미타불비상(국보 제106호), 기축명아미타불비상(보물 제367호), 미륵보살반가사유불비상(보물 제368호)—을 한 번에 볼 수 있다는 거지요.

청주박물관의 유일한 불비상은 50년 전 모두 청주 인근인 세종시 비암사(飛巖寺)에서 기적과 같이 발견된 겁니다. 불비상은 모두 중앙박물관에 수장되어 있다가 청주박물관을 개관하던 해에 대여의 형식으로 우암골로 시집을 오게 된 거지요.

국보가 하나라도 있는 국립박물관으로 면치레했든, 아니면 다른 사연이 있든 관계는 없습니다. 이 불비상이 청주에 자리해 4반세기가 지났다는 건 우암산을 사이에 두고 용두사지 철당간과 함께 청주 사람의 염원을 품고 있는 것이 아닐까요.

계유명 전씨 아미타 불비상(이하 아미타 불비상)은 청주박물관이 자랑하는 제3관의 가장 좋은 자리에 있습니다. 한눈에 그 장엄함을 볼 수 있지요. 벽돌 2장 크기의 잿빛 곱돌비석은 자기 키보다 훨씬 높이 있어 관람객 눈높이와 같이합니다.

불비상을 만나려면

불비상은 제3관의 일주문처럼 자리하고 있습니다. 이미 속도와 크기에 익숙한 사람들은 아미타불께서 기침을 여러 번 하셔도 총총걸음로 덩치가 큰 감로도나 지장보살도로 향할 수 있습니다. 아미타 불비상을 친견하지 못하고 간다는 건 청주박물관을 못 본 거나 마찬가지입니다. 불비상을 만나려면 마음의 돋보기 하나씩 준비해야 합니다.

아미타 불비상은 돌조각을 비석처럼 다듬어 아미타부처님을 조각하고 발원문을 새겨놓은 걸 말합니다. 조각의 조형미와 발원문의 금석문을 통해 도상적 특징과 당시의 시대적 상황을 볼 수 있어 아미타 불비상은 타임캡슐과도 같은 거지요. 불비상의

계유명 전씨 아미타 불비상 앞면

계유명 전씨 아미타 불비상 뒷면 실측도

원형을 재구해보면 받침돌과 몸돌 지붕돌 구성이 되어 있지만 아미타 불비상은 몸체만 남아 있는 아쉬움도 있습니다.

끝없는 지혜의 빛[無量光]과 무한한 생명[無量壽]을 지녔다는 '아미타불'은 서방정토나라에 있으면서 중생들에게 영원한 광명과 자비를 베푸는 부처이지요. 무한 공간과 시간의 개념을 모두 모아도 아미타 세계를 이해하기는 쉽진 않을 겁니다.

불비상 간절함과 염원을 읽어야

그런데 중생들은 왜 정토의 나라에서 왕생하기를 바랐을까요. 정토의 나라에 태어난다는 건 궁극적인 깨달음의 세계에 도달했다는 거지요. 이제 아미타 불비상을 잘 볼 수 있다면 조형언어에 담긴 간절한 염원을 읽을 수 있게 됩니다.

아미타 불비상의 얼굴이기도 한 몸돌의 전면은 백제의 조각장이 가장 공들인 부분입니다. 모든 사람들이 원하는 극락정토의 세계를 허투루 만들 수는 없지요. 사각의 프레임은 마치 감실처럼 보이는데, 작은 방안에 아미타 세계를 넣은 작업은 쉽지 않았을 겁니다.

도화지 같은 테두리에 돋을새김으로 다양한 도상을 만들어 사람들에게는 미타 세계의 초월성과 생명력을 갖게 합니다. 현존하는 불비상 가운데 많은 불교의 아이콘을 담고 있기에, 아미타 불비상을 보는 건 작은 석굴사원에 들어와 있는 셈입니다. 불비상을 따라 읽어간다는 건 아미타경이란 불전 모티프로 유토피아와 시대의 바람을 따라가는 구도의 길이기도 합니다.

시가에도 아미타불 자주 등장해

'아미타불'은 종교를 떠나 아주 익숙하고 친근한 부처님입니다. 마음과 마음이 간절하여 사무침이 하늘과 땅에 미칠 때까지 부르는 이름이기도 하고요. 산중 바깥까지 알려진 '도로아미타불'도 있네요.

우리 시가에 불리우는 아미타불도 적지 않게 있습니다. 광덕이 "달님이시여 이제 서방세계까지 가십니까/무량수불 앞에 나아가 일러다가 사뢰소서"라고 노래한 「원왕생가」에 나오는 무량수불도 아미타불입니다.

달에게 광덕의 간절함인 '원왕생, 원왕생'을 전하는 거지요. 그것도 모자랐던지 아미타불이 48대원을 이루지 못한다고 으름장을 놓기도 합니다. 그만큼 무량수불이 마음 깊숙이 있었음을 보여주는 겁니다.

피리를 잘 불었던 월명의 「제망매가」에 "한 가지에 나서/가는 곳을 모르는구나/아아! 미타찰에서 만날 날 기다리며/불도를 닦으며 기다리련다"라고 한 것처럼 미타찰은 누이와 약속의

계유명 전씨 아미타 불비상 옆면

계유명 전씨 아미타 불비상 옆면 실계측도

장소이자 다짐을 하게 하는 아미타 세계입니다.

이렇듯 아미타 부처님이 계시는 나라가 있기에 달빛 아래에 젖어 있는 모든 것들은 정토왕생을 꿈꿉다. 월명이 이 노래를 불렀더니 갑자기 바람이 불어 종이돈이 서쪽으로 날려 없어졌다는 걸 보더라도 그 신령한 기운을 알 수 있습니다.

백제인의 얼굴이 떠오르는 아미타불비상

'불비상'의 가장 중앙에 보이는 건 주인공인 아미타부처님입니다. 기하학적 조형감은 어느 자리에서 보더라도 안정감이 있지요. 아미타부처님은 모든 두려움을 사라지게 하고 모든 소원을 들어주는 시무외인(施無畏印)과 여원인(與願印)이라는 손 모양을 하고 있습니다.

보통 아미타부처가 주불이면 반드시 오른쪽에 대세지보살이 있고 왼쪽에 관세음보살이 함께 합니다. 세상을 모든 것에 두루 비치는 지혜보살인 대세지보살과 중생이 부르면 달려 나가 자비를 베푸는 사랑의 화신인 거지요. 지혜와 자비가 하나가 된 존재는 아미타부처인데 영원한 생명의 꽃으로 불이(不二)가 되는 겁니다.

아미타 불비상의 광배는 배 모양 같기도 하고 나뭇잎 모양 같기도 합니다. 몸에서 나오는 빛을 표현한 거지요. 아쉽게도 아미타 불비상은 얼굴이 닳아 없어져 어떤 모습인지 알 수 없습니다.

어쩌면 아미타불의 얼굴을 마음에 그려 가는 것도 아미타 세계로 들어가는 방법일 겁니다. 아미타 불비상을 깎았던 백제인의 얼굴이 떠오르기도 하고 박물관에 수없이 다녀간 이름 없는 천의 얼굴이 주인공으로 보입니다. 눈에 보이지 않아도 아미타불에서 발산하는 정신의 빛을 볼 수 있다는 것이 얼마나 다행인지 모릅니다. 관무량수경을 보면 "여래 몸의 털구멍마다 빛이 나와 빛줄기 하나하나마다 끝에 연꽃이 있고, 그 연꽃마다 화불이 있다"라고 하였는데, 아미타 불비상의 장엄도 이와 같이 도상화 했을 겁니다.

천의 옷자락, 하늘거리는

불꽃무늬를 정교하게 새김질한 광배는 신성한 존재인 아미타불의 아우라입니다. 아미타의 치솟는 불기운과 광명세상이란 진리의 불빛을 보는 것만으로 중생들이 집착하는 번뇌도 놓게 되는 거지요.

한 땀 한 땀, 구슬을 이어 놓은 광배를 새겼을 때도 마찬가지였을 겁니다. 광배의 큰 테두리는 덩굴무늬로 하늘의 기운을 고스란히 담아 상승감과 신비감을 보여줍니다. 그 사이로 천인상들이 자유롭게 하늘을 날고 있지요.

불비상을 보면 흔히 비천상을 볼 수 있습니다. 천상의 장소성인 정토세계를 비천상을 통해 아미타 세계의 화려함과 장엄함을 드러내는 거지요. 비천상은 서양의 천사와는 달리 날개가 없습니다. 대신 하늘거리는 천의(天衣)의 옷자락만으로 날고 있다는 걸 알 수 있습니다. 불비상의 가장 높은 곳에서 보궁을 한 손으로 가볍게 받들고 있는 비천상을 보면 천인상의 공양은 어디까지 미칠까 궁금하게 합니다.

천인(天人)의 공양과 찬탄은 천인주악상(天人奏樂像)을 통해 드러납니다. 불비상의 양쪽 허공에서 음악을 연주하는 걸 볼 수 있습니다. 어떤 음악을 어떻게 연주했을까요. 비천인(飛天人)은 뛰어난 연주기예를 가졌다는 건데, 두드리지 않아도 울리고 불지 않아도 저절로 소리가 나는 악기가 아니었을까요.

주악상, 음악사적 가치높아

묘법연화경에 "여러 천인들이 천고를 두드리고 항상 여러 음악을 연주"한다거나, 관무량수경의 극락정토를 묘사하는 부분의 "즐거움 가득 괴로움 없는 나라, 온갖 보배 널려 있고 항상 아름다운 천상의 음악이 울려 퍼지는 곳"을 보더라도 천인은 하늘의 북과 하늘의 악기를 자유자재로 연주했을 겁니다.

천인의 거주는 하늘이며 자유롭고 즐겁게 날아다니는 능력 또한 지니지요. 수려한 비상으로 자태를 보여주어 천의가 비행을 가능하게 한 도구처럼 보이기도 합니다.

불비상에서 주악상이 연주하는 악기는 요고, 종적, 금, 횡적, 당비파, 소, 생 등으로 확인되어 절대적으로 부족한 우리 음악사에 귀중한 보석입니다. 불비상에 나오는 복식도 백제 의복을 연구하는데 소중한 자료임을 말할 필요가 없지요. 따라서 불교미술사를 뛰어넘는 학제적 연구과제가 있어야 합니다.

불비상에서 아미타불을 위시한 협시불과 갑옷을 입은 천왕은 모두 연꽃 위에 있고, 모든 불비상을 바치고 있는 것 또한 연꽃입니다. 연꽃대좌에서 제불보살이 함께하는 연화화생의 장면은 성스런 공간을 확인시켜주는 징표입니다.

극락의 연꽃 위에 왕생하여 지혜와 공덕을 갖추었음을 보여주는 거지요. 불비상에 나오는 9존불 모두가 하나의 연화대좌의 줄기로 이어지고 있다는 건 그물과 같은 만다라 세계를 관조하게 합니다.

불비상을 수호하는 사자와 용

천천히 불비상을 다가간다면 '사자'와 '용'도 볼 수 있을 겁니다. 사자는 '최상의 높은 자리'라는 면에서 아미타불의 위엄과

계유명 전씨 아미타 불비상 탁본(성균관대 박물관).

권위를 뜻하기도 하지만, 불상을 수호하기도 의미도 있습니다. 아미타 세계와 불비상을 지켜주는 호위무사와 같은 거지요.

불비상에는 두 마리의 사자가 있는데, 서로 머리를 맞대어 네 발을 딛고 서있는 모양입니다. 아래에 겨우 자리에 잡아 사자의 위엄은 보이지 않지만, 이 역시 불비상 지킴이 역할을 하며 아미타 세계의 장엄을 장식하고 있습니다. 이것마저 불안해서일까요. 불비상의 양 옆에는 용머리가 앞을 향하여 놓여있습니다.

용은 청정불국토를 지키며, 극락정토로 가는 반야용선의 뱃머리이기도 합니다. 물결을 헤치고 나아가는 불비상은 선실이 되는 셈이지요. 해학적인 용의 모습은 좌우 대칭이 아니라서 더욱 실감이 납니다. 아미타 세계에 들어왔다는 건 반야용선에 선장이 되었다는 것이기도 하고요.

백제인의 마지막 유품

아미타불비상이 청주박물관의 자랑인 것은 불상의 조형미에도 있지만, 불비상 곳곳에 260여 자의 글씨가 새겨져 당시의 생생한 역사의 흔적을 알 수 있습니다. 눈에 잘 뜨이지 않지만 불비상의 경우 반드시 뒷면까지 봐야 불비상을 온전하게 봤다고 할 수 있습니다.

비상의 경우 무엇인가라도 흔적을 남기니까요. 뒷면에는 20구의 화불좌상을 배치하고 그 사이에 주요 시주자의 이름도 있습니다. 금석문의 기록은 예사롭지 않습니다. 지금까지 판독된 걸 대략 정리해보면(청주박물관 안)

> "전씨 등이 마음을 모아 나라를 위해 아미타 불상과 관음·대세지보살을 예를 갖추어 만들었다… 화불 20구를 예를 갖추어 만들다… 계유년 4월 10일에… 공경되이 발원하여… 50여 명의 지식이 함께 국왕, 대신, 칠세부모, 모든 중생을 위해 예를 갖추어 절을 짓고 이에 관계한 지식의 인명을 기록한다.(이하 인명과 관등)

우선 아미타불의 존명이 나와 불비상의 주인공이 누구인지

정확히 알 수 있습니다. 계유년 673년(문무왕 13년)에 불비상을 만든 이유는 나라와 국왕 대신 칠세부모 모든 중생을 위해 세웠다는 거고요. 점령 통치하에서 표기상 나라와 국왕은 점령국인 신라이겠지만, 자꾸만 백제와 백제의 왕으로 읽혀지는 건 무엇 때문일까요. 패전국의 마음도 가볍지 않게 보이고요.

그렇다면 백제 유민은 옛 영토에 왜 하필 아미타 불비상을 세웠을까요. 긴 전쟁과 혼란의 시대에 죽은 영혼을 위로하고 천도하기 위한 아미타신앙은 감로수와 같았을 겁니다. 왕조가 바뀌어 통일신라에 조성된 아미타 불비상은 백제 유민들의 염원이 담겨져 있고, 백제의 조각 전통을 고스란히 전했기에 백제의 마지막 유품으로 봐야 할 겁니다.

내 마음이 곧 정토인지라

박물관을 나오면서 1300년 전 백제유민들이 끊임없이 불교적 유토피아를 지향한 건 무엇 때문일까 더욱 궁금해집니다. 어쩌면 백제 유민이었던 장인이 살았던 시대와 나투어 회향하려 했던 건 아닐까요. 명암지 벤치에서 정박해 있는 주인 없는 오리배를 바라봅니다. 해는 뉘엿뉘엿 석양을 물들고, 번다한 도회로 돌아가는 길에서 나옹의 게송을 되새겨 봅니다.

아미타 부처님 어디에 계시는가
마음속에 깊게 새겨 한시라도 놓지 마라
생각하다 생각이 다하여
생각이 없는 곳에 이르면
이 몸이 법신불이 되어 늘 찬연한 빛이 나오리라

정토의 나라까지 가는 길은 예토의 세계인 우리가 서 있는 곳에 있을지도 모르겠다는 생각도 해봅니다. 혜능의 '자심미타(自心彌陀)'나 원효의 '유심정토(唯心淨土)'를 본다면, 극락정토는 멀리 저곳의 세계가 아닌 내 마음의 세계임을 짐작할 수 있기 때문이지요. 천인주악상이 연주하는 소리도 바로 들을 수 있다면 고마운 것이고요. '국립청주박물관 아미타 불비상 비천상 연주하다!' 보고 싶은 일면의 뉴스입니다. 겨울바람이 착하게 소멸될 무렵 박물관 아미타부처님께서 살짝 비암사를 다녀오실지도 모르구요. 그렇다면 정말 귀하고 귀한 날이겠지요.

탑평리 칠층석탑 아니지요, 중앙탑이에요

— 충주 탑평리 칠층석탑, 국보 제6호

장소의 원형, 중앙탑

충청도는 충주와 청주의 머리글자에서 따온 이름입니다. 충주라 하면 외지인들은 충주비료공장을 견학한 추억이나 충주 사과, 신립 장군의 탄금대나 수안보온천을 떠올리기도 합니다. 충주호가 생기면서 이 고장은 '물의 도시'로 불리거나 남한강과 함께 수상스포츠의 메카로 불리기도 하지요. 충주에 가서 "탑평리 칠층석탑이 어디예요?" 하고 물으면 이곳 사람들은 잘 모릅니다. 그런데 "중앙탑이 어디예요?"라는 물음에는 "아, 중앙탑요!"라고 합니다. 충주 사람들은 충주 탑평리 칠층석탑이라고 부르지 않습니다.

유려한 남한강변에 천년 이상을 자리한 석탑을 이곳 사람들은 '중앙탑'이라 불렀습니다. 중앙탑은 충주사람들에게 실존의

중앙탑 전경.

중심이자, 세계와 관계를 맺는 장소의 원형과도 같은 터전입니다. 충주의 옛 지명인 '국원성' '국원소경' '중원경'에서도 '중앙', '중심'을 찾아낼 수 있지요. 국토의 심장부라는 장소성 또한 무시할 수 없을 겁니다. 현재의 지명인 충주(忠州)도 중심(中+心) 고을(州)이라는 점에서, '중앙'이라는 충주골 사람들의 자부심은 오래전부터 있었던 것이지요. 충주사람들은 충주를 나라의 한복판이라 믿고 있는 거지요.

충주의 목행대교와 달천교나 유주막다리를 보면 중앙탑 모양이 다리를 장식하고 있는데, 충주시민의 중앙탑에 대한 자부심을 느낄 수 있습니다. 세계조정경기가 열린 탑평리의 결승타워도 중앙탑을 현대적으로 형상화시킨 것이지요. 심지어 충주시청 3층 회의실도 중앙탑회의실로 명명할 정도입니다. 충주사람들에게 중앙탑은 오래전부터 함께해온 가족 이상의 그 무엇일 겁니다. 중앙탑은 단순히 오랫동안 그 자리에 서있는 것이 아닌, 충주시민의 지속적인 삶을 보여주는 랜드마크가 아니었을까요.

예부터 물류교통의 중심지

문헌에 등장하는 중앙탑은 그리 오래되지 않습니다. 중앙탑은 1917년으로 추정되는 '충청북도 충주군 중앙탑 수선 공사 설계도'에 처음 등장합니다. 일반적으로 탑의 이름은 지명과 층수로 정해지는 것이 관례이지요. 당시 '중앙탑'이란 이름을 어떻게 알고 사용했을까요. 아마 탑평리 사람들은 지금처럼 키가 큰 탑의 이름을 '중앙탑'이라고 말해줬을 겁니다. 충주사람들이 중앙탑이라는 이름짓기에서 탑에 대한 소유와 영유의 가치를 드러내려 했던 게 아닐까요.

우리 역사에서 충수의 남한강은 백제, 고구려, 신라순으로 움직이는 국경이었지요. 역사적으로 충주를 장악하는 나라가 천하를 다스렸을 정도로 지정학적 위치의 중요성을 모두 알고 있던 거지요. 충주는 수운이 편리하여 남한강 천 리 물길은 물류 교역의 중심지여서 오늘의 버스정류장이라고 할 수 있는 큰 나루가 13곳이나 있었습니다. 일찍이 조령과 이화령을 통해 영남을 잇는 통로이자 교통의 중심지였기 때문에 난리가 나면 전쟁터가 되곤 했지요.

아무도 모르는 중앙탑 창건의 비밀

중앙탑이 있어 '탑들'이라 불린 탑평리는 남한강이 수시로 범람하던 지역입니다. 무려 높이가 13m나 되는 높은 탑을 하필 강변에 세웠을까요. 중앙탑에 대한 건탑 연대와 건립 이유에 대한 문헌기록은 나타나지 않습니다. 충주에 대한 지리지의 고적편에도 드러나지 않는 걸 보면 중앙탑은 남한강변에서 갈대의 노래를 듣거나 오가는 황포돛배를 바라보곤 했을 겁니다. 시인묵객들의 문집에도 인근의 탄금대나 가흥창이나 장미산성 등이 배경으로 나오기도 하지만, 중앙탑은 보이지 않습니다. 그만큼 사람들은 관심을 두지 않았을까요.

중앙탑의 건립 연대는 분명치 않지만 8세기 후반에서 9세기

『조선고적도보』(1916)에 담긴 중앙탑. 상륜부 복발이 위태롭다.

전반에 세워진 것으로 봅니다. 이 고장 사람들에겐 오래전부터 믿고 있는 중앙탑에 대한 전설이 있습니다. 신라 원성왕 대에 사람들을 시켜 나라의 최남단과 최북단에서 동시에 걸어서 출발해 만난 곳이 탑평리였기에, 이곳을 신라의 중앙이라 하여 탑을 세워 중앙임을 표시했다는 거지요. 또한 충주에 왕이 탄생할 기운이 있어 이를 누르려고 탑을 세웠다는 이야기도 있습니다. 역사학계에서는 신라중심 사상을 알리고 토착민의 민심이반을 통해 나라의 안정을 위해 만들었다고도 하지요. 그러나 어느 것도 중앙탑의 수수께끼에 대해 뾰족한 답을 주지 못하는 것 같습니다. 중앙탑 창건의 비밀은 중앙탑만이 알고 있을 겁니다. 천년 시간의 스토리텔링에서 오늘도 중앙탑은 다시 새로운 갈무리가 되어 탑의 존재와 이유에 대해 자문자답하게 합니다.

중앙탑 전설은 단순히 묵힌 이야기가 아니라 충주사람들에게 오늘날까지 생명력을 가지고 있는 중원문화의 상징과도 같습니다. 전설은 충주사람들에게 역사적 문헌과 달리 생생한 울림으로 전해져 지역의 정체성이자 기억되는 역사로 남게 됩니다. 실제 '안반내'라는 마을이 있는데, 한반내[韓半川]는 '한국의 반' 즉 국토의 한가운데라는 거지요. 이 고장 사람들에게 '중앙의식'은 적어도 충주가 지역으로서의 변방이 아닌 중심의 가운데이기를 바라는 기대와 보상에서 오는 건지도 모릅니다.

초가집 몇 채와 함께 서있는 중앙탑

사진으로 포착된 중앙탑은 1916년에 조선총독부에서 발간

한 『조선고적도보』로 데뷔하게 됩니다. 아마 세키노 다다시(1867~1935) 교수의 일행이 1912년 11월 20일에 촬영한 그 사진일 겁니다. 당시 조수로 활동했던 야츠이는 중앙탑에 대해 "한강의 왼쪽 기슭 약간의 개활지에 있는데 화강암으로 만든 빼어난 신라탑이며, 그 위대함은 익산의 미륵사지석탑에 버금간다"라고 평가하고 있습니다.

『조선고적도보』에 나온 중앙탑은 떡시루를 엎어놓은 복발 위의 앙화가 떨어질 것만 같은 부끄러운 얼굴로 보입니다. 기단의 무너진 서측과 북측과는 달리 비교적 온전한 남측에서 찍었는데, 탑신이 왼쪽으로 기울어져 있습니다. 중앙탑이 일제에 의해 엉터리로 복원되기 전의 마지막 모습인 거지요.

30년대에 발간된 『일본지리 풍속대계』에 나온 사진은 중앙탑의 풍경을 볼 수 있는 중요한 그림입니다. 이 때 중앙탑을 보면 지금처럼 높은 토단에 있지 않아 외롭지 않게 있습니다. 논밭이 있는 작은 언덕에 초가집 몇 채, 마을로 가는 길은 늘 우리가 자주 봤던 그림이거든요. 밭을 가는 농부와 마실가는 아낙의 모습이 정겨운 풍경에서 탑은 권위는 볼 수 없습니다. 돌탑 뒤로는 '탑들나루터'가 있어서 강건너 원포리를 건너다니거나 뗏목이나 황포돛배가 정박하기도 하였을 겁니다. 참나무가 있는 주막은 남한강의 이정표이자 정거장이기도 했고 배꾼의 쉼터

『일본풍속지리대계』(1930)에 담긴 중앙탑 주변 풍경.

였지요.

신라 석공의 숨결 느낄 수 있는

1936년 신문지상에도 '충북의 명승지 중앙탑'에 탐승객들이 답지하고 있고 "넓은 광야의 조연모하(朝煙暮霞)를 헤치고 우뚝 솟아 있는 중앙탑을 찾아오는 자동차 소리가 연락부절하리라." 하여 주덕읍부터의 도로확장 소식을 알리고 있습니다. 벌써 이때부터 중앙탑 진입로가 만들어졌음을 알 수 있지요. 남산초등학교에 다니던 평론가 유종호도 해방 전후의 중앙탑이 "보리밭 한가운데 서 있는 머쓱한 돌탑"이라 하였는데, 참 정겹게 보입니다. '목계가 고향인 신경림 시인도 "탑그늘에 앉아 넋을 잃고 강물을 한참 바라보다가 도시락을 먹고 또 걸어갔다"라고 하여 강을 따라 걷는 길에 함께하는 친구로 중앙탑을 맞이합니다.

남한강변에 물난리가 잦은 이유 때문에 중앙탑은 처음부터 구릉의 정상부에 세웠을 겁니다. 석공들은 강기슭의 특성을 읽어 정성을 기울여 견고하게 축조했을 테고요. 당시로서는 최첨단 기술과 조형미와 사람들의 간절함으로 돌이 세워진 거지요. 근래 1972년 대홍수 때도 기단까지 물이 찰 정도로 남한강 물흐름은 만만치 않았습니다. 1000년 이상의 세월에 몇 번의 수해가 지나갔을까요. 다행히 중앙탑은 수차례의 재해에도 끄떡없던 거지요. 신라 석공의 숨결과 기운이 탑평리 터를 누르고 있어서일 겁니다.

중앙탑이 더욱 껑충 키가 커 보이는 것은 높다란 토단 때문입니다. 중앙탑을 해체하고 다시 세우는 과정에서 수해를 염려해 토단을 높였던 거지요. 그럼에도 탑이 강 언덕과 어울려 있어

지금의 모습처럼 외롭지 않았던 거지요. 60년대의 사진에도 돌탑은 마을과 어울려 함께 있음이 확인되니까요. 그렇지만 빈번한 물난리에 탑 주변의 겉은 깎여 나갔을 겁니다. 여러 차례 주변 정지작업을 하면서 단을 쌓을수록 탑의 축대는 우뚝해 보일 수밖에 없는 거지요

세계 우주수로 태어나

2013년 남한강에서 세계 조정대회가 열려 세계 80개국 2000여명의 선수들이 중앙탑을 다녀갔습니다. 노를 저어 전 세계에서 대한민국의 충주로 돌아오는 여정에서 돌탑은 충주를 너머 세계의 등대와 같은 역할을 했던 거지요. 세계를 향한 꿈과 도전이 이루어지는 곳, 자연과 하나 되는 지구촌 물축제에 충주사람들은 다시 한번 '중앙'이란 깃발을 초록별 가족들에게 확인하고 싶었을 겁니다. 드디어 중앙탑은 세계의 우주수(宇宙樹)로 새로 태어나는 셈이지요. 일찍이 신경림 시인은 이 축제를 예견한 것인지 중앙탑을 노래하고 있습니다.

반도 한복판을 가르며 흐르는 물길 굽어보며
기름진 들판을 어루만지며
산과 동무해 나 여기 서있다

이 땅에 사는 사람들은 바람을 한데 모아
산짐승 들짐승의 웃음과 울음을 한데 모아
비와 눈과 바람의 기운까지 끌어 모아
천둥과 번개의 힘까지 끌어 모아

높고 넓은 하늘에 꿈으로 열매 맺기 위하여
땅에 널리 퍼져 노래가 되게 하기 위하여
서로 얼싸안고 뛰노는 춤이 되게 하기 위하여

— 신경림 「중앙탑을 노래함」 부분

중앙탑 존재의 이유는 강산의 푸른 기운과 땅의 숨결과 아름다운 꿈을 모아 이 땅에 깊이 심기 위해서라는 거지요. 우리는 여기서 석탑의 장소적 무게중심이 생명과 삶의 중심으로 전환되는 계기를 볼 수 있습니다. 살아있는 모든 것들의 기운과 힘이 돌탑으로 모아지기 때문에, 한데 합쳐서 열매가 맺고 노래가 되고 춤이 되는 천지개벽이 중원골에서 이루지길 바라는 거지요.

때로는 '한반도 배꼽의 석탑이 원융회통의 할'을 하고 '한 점 욕심마저 걷어내고 진리의 탑발원할 때'(선묵 자혜 「중앙탑에서」) 사바세계(娑婆世界)에서 정토세계를 인도하는 돌탑의 모습을 보기도 합니다. 오늘날 중앙탑의 염원은 무엇일까요? 강 건너 종포나루로 마실가는 것일까요? 아니면 봄날 장미산성에 나들이 가는 것일까요? 염원이 간절하면 하늘도 길을 열겠지요. 충주사람들은 오늘도 각자 지니고 있는 바람들을 가지고 탑돌이를 합니다. 탑평리 중앙탑은 늘 서있지만 이따금 승천하여 하늘의 별이 되기도 합니다. 천년의 기다림은 일심(一心)으로 천상의 아우라를 보여주는데, 이 또한 돌탑의 공덕 때문이지요.

무더운 밤마다
먼 말발굽소리 안반내 들에 잦고
밤 깊어 속 물살 눈 뜨면
강물 속의 이무기와 잉어 떼가
신라의 선남선녀와 어우러져
탑 끝에서 별까지 닿는
향기로운 꽃길을 여는지…
아! 서기로운 구름이
피어 있어

— 양채영 「칠층석탑」 부분

이것은 결코 과거로의 회귀는 아닙니다. '먼 말발굽소리'가 탑평리에 잦아진다는 것은 침략의 광기가 아닌 희망의 기운이 온다는 거지요. 때에 따라서는 무소식이 희소식인지라 상서로움이 예감되는 부분이기도 하고요. 그것도 무더운 밤에 말입니다. 밤은 깊고 물의 뻗는 힘이 크면 클수록 사실 눈을 뜨기가 쉽지는 않지요 그러나 눈 밝은 사람은 상승의 기운을 열 수 있는 거지요. 물속의 탑 끝에서 별까지 이어지는 꽃길의 중심에 칠층석탑이 있습니다. '서해로 귀 기울이는 짙푸른 물결'이 있기에 안반내의 돌탑은 하늘을 치솟아 왕관 같은 앙화(仰花)를 피우고 있습니다.

돌이 숨을 쉰다
돌의 숨소리가 보인다
돌은 육신이다
돌 위에 쌓아올린
중원 탑평리 칠층석탑

— 조영서 「遠視」 부분

근시가 아닌 원시를 통해 먼 것이 가까이 다가오기에, 우리는 의심 없이 돌탑의 존재의 이유를 알게 됩니다. 지나치게 가까이

투시를 하게 되면 더 숨을 쉬고 있는 육신의 돌탑도 바위 조각물 이상은 아닌 거지요. 욕심 없이 돌에게 마음을 줄 때 탑은 흰 구름 한 점 손짓하는 하늘가에 연금술처럼 무량의 꽃을 피우게 됩니다. 사람들이 중앙탑을 멀리서 또는 가까이서 보는 것은 존재하는 모든 돌들이 숨을 쉬고 있다는 믿음 때문인 겁니다.

자신의 욕망 드러내지 않아

강변의 탑은 세월의 상흔에도 흔들리지 않았고 영토나 진영의 해제에도 묵묵히 자신의 욕망을 드러내지 않았습니다. 탑평리에서 조금 떨어져 있었지만 중앙탑은 몽고군과의 충주성 전투는 물론 임진왜란 당시 남한강의 핏물도 생생하게 기억하고 있을 겁니다. 그래도 무탈히 새 천년을 맞이한 탑입니다. 천년의 나이에 비해 얼핏 중앙탑은 강건해 보입니다.

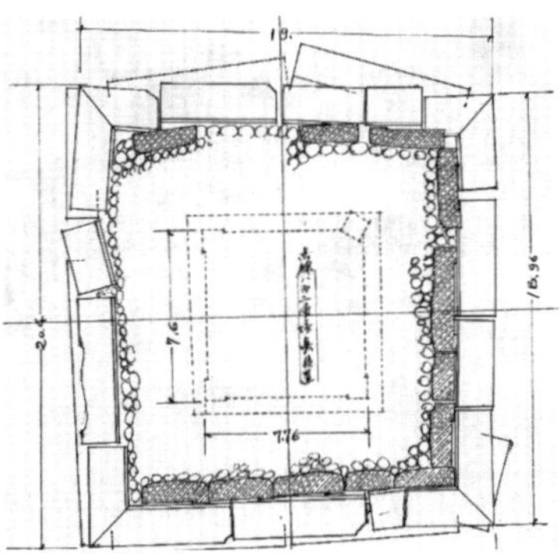

중앙탑 기단 실측도(1917)

중앙탑이 얼치기 해체복원된 지도 한 백년의 시간이 흘렀습니다. 어쩌면 당시 기술로서 최선을 다한 것이 아닌가 하는 생각도 해 보고 싶습니다. 그런데 잘 꾸며진 중앙탑공원에서 신음하는 탑의 눈물이 보이는 건 왜일까요. 공원에서 자꾸 중앙탑이 숨바꼭질 당하고 있다는 모멸감도 들기도 하고요. 탑파의 몸은 예전 같지 않습니다. 이제 일본에 의해 성형된 탑신을 온전하게 맞춰야 할 때가 온 거지요. 중앙탑에 덧칠해진 시멘트도 지워야 할 것이고 비와 바람을 견뎌낸 살과 뼈에 기운생동의 온기를 넣어야 하겠지요.

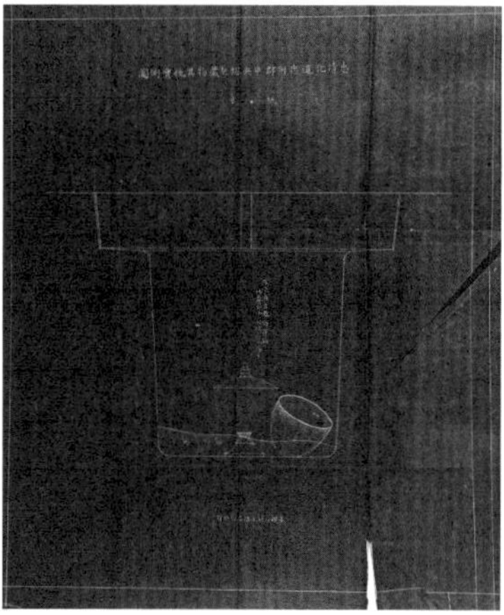
중앙탑 포장물 석혈 단면.

잃어버린 꿈들이 하늘에 닿을 때까지 충주 사람들은 중앙탑을 놓을 수 없을 겁니다. 파리엔 에펠탑이, 피사엔 피사의 사탑이 있듯이 충주에는 중앙탑이 있습니다. 이들 탑처럼 키가 크거나 사계절 내내 탐방객이 많은 것은 아니지만, 풍경과 기억을 남겨주고 탐욕을 쪼아 가슴에 묻게 해주는 중앙탑과 살고 있는 충주사람이 부럽습니다. 오늘따라 탄금호에 비추인 중앙탑이 성성해 보이는 것은 무엇 때문일까요. 충주 사람들이 중앙탑을 닮고 있는 건 아닐까요? 탑평리 들판의 노을이 강물에 젖을 때 중앙탑은 우리에게 말해줍니다. 네가 서 있는 자리가 바로 한 가운데라고.

법이 머문 곳의 목탑

— 보은 법주사 팔상전, 국보 제55호

속세를 떠난다는 산

속리산은 예로부터 해동팔경의 하나로 소금강으로 불리었습니다. 백두대간 한남금북정맥이 갈라진 산으로 봉우리가 아홉 개이기 때문에 구봉산이라고도 하지요. 충청도 보은하고도 속리산은 한때 추억이 담긴 빛바랜 사진 한두 장은 가지고 있을 정도로, 우리나라 국민 수학여행지이자 신혼여행지였습니다.

속세를 떠난다는 속리산의 이름은 부르기만 하여도 초발심을 내게 합니다. 말티재는 이속(離俗)을 위한 속리행의 관문이며, 다시 속세로 돌아가는 출구이기도 합니다. 정이품 관직이 있는 '연걸이 소나무'를 지나 오리숲에 이르면 세속의 얽매임도 어느새 가벼워집니다.

호서제일가람이라 쓰여 있는 일주문은 기둥이 하나입니다.

유리건판 법주사. 호서제일가람이 앉은 이 계곡을 삼청동이라 부르기도 했다.

속리산 법주사는 한때 우리나라 국민 수학여행지이자 신혼여행지였다.

문을 사이에 두고 성속(聖俗)의 공간이 경계 지어지는 출발점이기도 하지만, 절 밖의 세속과 절 안의 세계가 둘이 아닌 하나 즉 불이(不二)를 뜻하기도 합니다. 누구나 이 문을 통과하면 진리를 깨닫고 본성을 되찾으리라는 '문 아닌 문'이면서, 법의 도량으로 들어서는 다짐과도 같은 것이 일주문인 거지요. 얼마나 많은 고승대덕과 시인묵객이 이 문을 지났을까요.

무지개다리였던 수정교

사내천을 따라 터벅터벅 홀로 숲길을 걷다 보면 비움과 텅빔의 길로 들어 마음이 성성해지게 될 무렵 수정교가 보입니다. 이 다리를 건너면 비로소 '법이 머무는 가람'에 들어서는 셈이지요. 『동국여지승람』을 보면 속리산에는 여덟 다리(八橋)가 있었다고 하는데, 그 첫 번째 다리가 수정교입니다.

'비각이 있어 이 누각을 통해 다닌다'고 한 것을 보면 수정교는 송광사 삼청교와 같은 무지개다리였을 것입니다. 지금과 다르게 지붕이 있어 한층 더 운치가 있었을 것으로 보입니다. 아직도 다리를 이루고 있던 돌이 주변에 산재해 있는 것을 보면 아쉬움이 남습니다. 수정 같은 맑은 물이 흐르는 사찰 입구 다리는 효용적인 면을 떠나, 불국토 진입을 위한 통로일 겁니다.

속리산을 다녀간 많은 시인묵객들은 이 계곡을 삼청동이라고도 했습니다. 신여(信如) 스님은 「수정교」라는 멋진 시를 지었습니다. "삼청동 가는 길은 아홉 굽이/물을 건너는 다리는 여덟 개/ 단풍은 다리 아래 푸른 빛을 시기하니/온 산의 단풍잎 소나무 가지에 피어 있네"아홉 굽이(九遙)의 산모퉁이를 돌아 흐르는 물길에 있는 수정교의 전경을 멋지게 담았습니다.

시샘할 정도로 맑은 물빛에 단풍이 흐드러지게 피어 있고, 만산홍엽이 소나무 가지사이에 빛나고 있습니다. 청색과 홍색의 그물이 선명해 가을의 빛을 모두 담아 풍성해 보이지만, 이제 수정교를 건너면 세속 번뇌는 놓아주어야 합니다.

충청도 관찰사 함부림(1360~1460)도 "우연히 삼청동에 들렀더니/세상 일 시끄러운 것 모두 잊었네"라고, 「법주사」라는 사찰제영시를 남겼지요. '삼청동'은 속리산으로 들어오는 계곡을 의미하기도 하지만, 도교에서는 최고 이상향의 장소를 말합니다.

일찍이 속리산은 탈속선경의 장소로 무궁의 터전으로 알려졌기에, '이화동'과 '우복동'이라는 이상향의 장소가 있다는 전설이 널리 전승되기도 하였습니다. 세속에서 일어나는 슬픔과 기쁨을 잠시 뒤로 내려놓을 수 있는 곳이 바로 '법이 머무는' 절간입니다.

전각인가 탑인가

법주사 도량에 들어서서 금강문-천왕문을 지나면 오층 전각을 만나게 됩니다. 사람들은 그것이 '전각이다 탑이다'를 가지고 내기도 하는데 팔상전이라는 이름 때문이지요. 팔상전이 있는 다른 사찰과 다르게, 법주사 팔상전은 팔상도가 전각에 있지 않고 탑파 안에 있습니다. 이름 또한 별나서 팔상전(八相殿)이 아닌 팔상전(捌相殿)인데, 모두 여덟을 의미하는 점에서 차이가 없습니다.

전각의 이름은 그냥 지은 것 같지 않습니다. 원래 탑의 기능이 약해지고 예배당 역할이 커지면서 전각의 이름을 수용한 것일 수도 있지만, '상(相)을 깨뜨리다'말로도 읽을 수 있습니다. 팔상전에 들어오기 전에 마음이 지어내어 얽매인 것들을 비우라는 거지요.

팔상전의 온전한 비밀을 알게 된 것은 1968년 해체수리 과정에서입니다. 목탑에서 가장 중요한 기둥이 심주(心柱)인데, 우주의 중심축과 같은 것이지요. 팔상전이 탑으로 확인된 것은 바로 심주 아래 심초석에서 사리장치가 발견되어서입니다. 사리함 내부 동판이 타임캡슐과도 같은 탑지성격을 지녔기에 팔상전의 이력을 추적할 수 있게 되었지요.

법주사 팔상전. 1968년 해체수리 과정에서 심주 아래에서 사리장치가 발견돼 탑으로 확인됐다.

팔상전 해체시 발견된 사리장엄구. 가운데가 사리함이다.

불멸의 부처가 머무는 탑파

동판의 명문을 보면 정유재란 당시 팔상전은 왜인들에게 소실되었고, 1602년 중창의 중심에 사명당 유정이 관여했음 알 수 있습니다. 탑지에 "조선국승대장 유정비구(朝鮮國僧大將 裕淨比丘)"라는 점선으로 새긴 명문이 선명하게 보입니다. '裕淨'은 '惟政'과 다르지만 음이 같고 조선국 승대장이라는 직함을 쓴 경우 흔치 않았기에 사명당으로 보는 거지요.

전란 후 어려운 여건에서 벌어진 대작불사인지라 20여 년의 공기는 결코 짧은 시간은 아니었습니다. 탑지에 나온 팔상전 불사 사부대중의 기록은 총 115명에 이릅니다. 이들 중 승려가 88명, 속인이 26명인데, 팔상전 불사의 재목과 물자 및 사리장엄구를 시주하고 발원을 세웠습니다. 전후 다시 탑을 세운다는 서원 아래 얼마나 더 많은 사람이 동참발원 했을까요.

조선국 승대장 유정비구가 선명하게 보이는 동판 탑지.

법주사는 다른 사찰과

날리 석탑이 없습니다. 팔상전이 목탑으로 금강문에서부터 대웅전까지의 남북 축의 중심일 뿐만 아니라, 용화보전이 있었던 시절에는 동서 축의 중심이었습니다. 그만큼 법주사 가람 배치에서 팔상전의 위계를 알 수 있지요.

탑은 원래 탑파라는 부처의 진신사리를 모신 스투파(Stupa)라는 반원형의 무덤에서 발전하였는데, 부처를 상징하는 대상이자 열반을 의미합니다. 부처의 사리를 모신 곳이면서 부처의 가르침이 가득한 곳이 불탑인 것이지요. 탑은 모든 번뇌와 업장이 소멸된 열반의 의미를 하나로 모아 불멸의 부처가 영원히 머

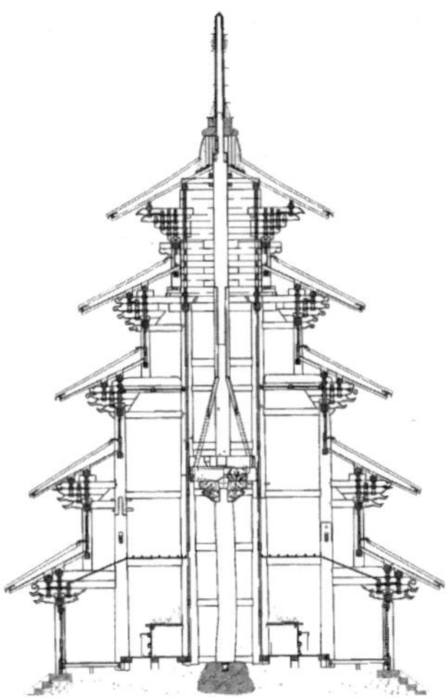
팔상전 단면도

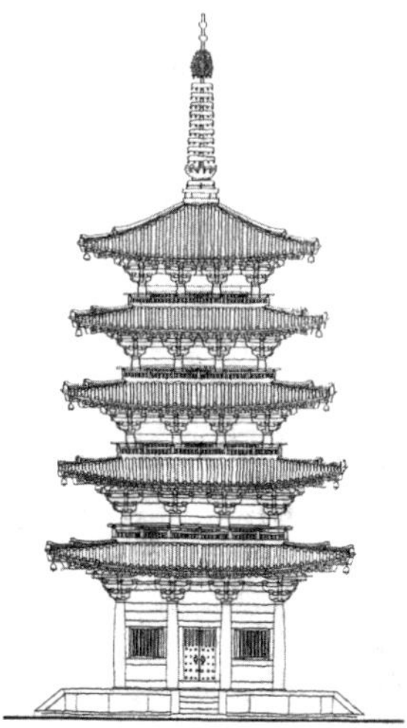
원래 복원했을 경우의 모습

물고 있는 곳입니다.

그러므로 불탑을 세운다는 것은 석가모니에 대한 공경의 의미와 중생이 가지고 있는 탐욕과 어리석음을 소멸시키고 현세의 발원을 이루기 위한 공양입니다. 팔상전은 우리나라 유일의 5층 목탑으로 부처의 상징이자 법주사 경관의 좌표로서 장엄한 화엄세계를 침묵으로 보여주고 있습니다. 팔상전은 도량석이 시작할 때부터 모든 참배객이 돌아갈 때까지 적멸과 구도의 열정을 돌아보게 합니다.

수직의 위엄성과 조화로움

팔상전은 21.6m 오늘날 건물의 8층 정도의 높이니까 작은 탑은 아니지요. 옛 사람의 속리산 유산기에도 빠지지 않고 등장하는데, 대개 그 높이에 이목을 집중하는 듯합니다. "절을 둘러보니 소위 오층의 팔상전이 우뚝 솟아 있다. 높은 천장 모서리는 백 겁이 지나도 하나도 기울거나 무너지지 않았으니, 다만 내가 온 나라를 통틀어 보아도 이런 것은 있지 않은 것 이었다."(정행석 『俗離南遊錄』, 1634년), "팔상전은 특별히 5층인데 그 높이가 가히 백길이나 된다."(조경 『俗離紀行』, 1747년), "오층각(팔상전)이 은은하게 수정봉과 높이를 다투니"(이상수 『遊俗會遇記』, 1862년)라는 기록에서 보듯이, 당시 선비들에게 팔상전이 보여주는

18세기 해동지도의 보은현. 법주사 팔상전이 5층탑이라고 표시돼 있다.

수직의 위엄성이 컸던 만큼 과장되게 표현했을 것이고, 그 높이는 청정한 마음의 원력과 같은 거지요.

팔상전은 이심전심으로 하나의 마음이 되었을 때 비로소 세울 수 있는, 당시 최고의 기술의 담긴 하이테크의 영적 건축물

인지도 모릅니다. 팔상전은 목탑의 원형에서 본다면 특유한 탑의 체감률을 보여줍니다. 위층으로 올라갈수록 칸의 크기와 높이가 줄어 위로 솟구치는 상승감이나 경쾌감은 없습니다. 체감률이 크기 때문에 안정감이나 당당함은 물론 주변 경관과의 친밀감을 볼 수 있습니다. 부드러운 처마 곡선으로 사찰의 배경과 자연스런 조화도 팔상전이 주는 아름다움이지요. 팔상전의 탑신에서 수직적인 일본탑이나 고준함이 중심인 중국탑의 조형을 볼 수 없습니다.

팔상도를 보면 성지순례를 하는 셈

법주사 팔상전은 다른 사찰의 팔상전과는 달리 불사리 봉안의 불탑과 예배공간으로서 전각의 기능을 가지고 있습니다. 예배 공간인 팔상전에는 팔상도가 모셔져 있지요. 팔상도란 부처님의 탄생으로부터 열반에 이르는 장면을 여덟 가지로 나누어 그린 그림을 팔상도라고 하는데, 민중들에게 포교를 쉽게 하기 위한 방편으로 그린 것입니다. 팔상도를 보기 위해서는 탑전 내부를 한 바퀴 돌아야 합니다. 동으로서 시작하여 남—서—북으로 돌면 저절로 열반상까지 오게 되니 자연스레 성지순례를 마치게 되는 셈입니다.

팔상도 주제는 크게 탄생—출가—수도—열반, 4가지로 나뉩

유리건판 팔상전.

니다. 탄생 관련도에는 불타의 탄생을 다루고 있는 도솔래의상·비림강생상이, 출가 관련도에는 태자가 왕궁에서 나와 성자가 되기 위한 전환을 보이는 부분으로 사문유관상·유성출가상이 있습니다. 수도 관련도에는 힘든 고행을 거친 후 보리수아래에서 깨달음을 얻는 부분으로 설상수도상·수하항마상이 있고,

열반 관련도에는 초전법륜 이후부터 사리쌍수 아래에서 열반하기까지의 장면으로 녹원전법상·쌍림열반상이 있습니다.

탑돌이는 바라밀 수행

팔상전에서는 각각 네 벽에 두 개의 그림을 한 장에 담아 모두 여덟 개의 상을 다루고 있습니다. 팔상도는 1897년 당시 주지였던 탄응 선사가 화주가 되어 약효(若效), 정련(定鍊) 봉수(奉秀), 봉화(奉化) 등의 스님들이 그린 것인데, 무슨 이유인지 모르겠으나 3·4도와 7·8도의 순서가 뒤바뀌어 있습니다. 그래도 전체 그림의 배치는 우요삼잡(右繞三匝)의 전통에 따라 오른쪽에서 왼쪽으로 안에서 탑돌이를 할 수도 있고, 밖으로 나오면 가람의 마당은 넓고 평평하여 탑돌이 하기에 안성맞춤입니다.

탑돌이는 초파일이나 큰 재(齋)가 있을 때 승려와 신도들이 탑을 돌면서 부처의 공덕을 기리고 소원성취를 기원하는 것으로, 사찰에서는 각별한 의식입니다. 바른 믿음으로 팔상전 주위를 돌기만 해도 그 공덕으로써 더 없는 깨달음을 얻을 수 있다는 믿음이지요. 탑을 돌며 피안을 건너는 바라밀수행은 차안과 피안에서 열반의 세계로 가는 방편의 하나이자 보살의 수행덕목입니다. 개인의 안녕과 기원, 탑돌이 행위는 열반의 피안을 염원하는 수행이자 놀이인 것이지요. 처음에는 승가와 개인에 의한 단독의식으로 시작해서 사하촌의 사부대중이 모여 부처의 공덕을 기리고 극락왕생을 기원하는 연행의식으로 된 거지요.

만다라를 그린 행렬

범패 소리에 바라춤, 나비춤을 추는 스님을 따라 인연의 긴 실타래를 풀 듯 긴 행렬이 바로 법주사 탑돌이 공양이었습니다. 도량의 악귀를 쫓고 마음을 청정하게 정화시키거나 불법과 불전을 상징하는 춤사위들이 탑을 중심으로 유장하게 끊어질 듯 이어지고 있었던 거지요. 탑돌이는 단순히 탑을 3회 도는 것이 아니라 다양한 형태의 만다라를 그리면서 연행을 했습니다. 무형문화재 제103호로 지정된 법주사 탑돌이는 팔상전을 중심으로 다른 사찰과 달리 십바라밀정진도를 본뜬 거지요. 법주사의 탑돌이는 십바라밀에서 구름으로 상징되는 선정바라마밀을 제외한 아홉 가지로 이루어집니다. 해인십바라밀도나 건봉사의 바라밀석주에 있는 도형을 보면 어떤 모양으로 탑돌이를 돌았는지 짐작할 수 있지요.

열반 언덕에 이르는 의식

탑돌이 형식은 이렇습니다. 먼저 보시(布施)는 보름달 모양,

지계(持戒)는 반달 모양, 인욕(忍辱)은 신발의 날 모양, 정진(精進)은 가위 모양, 지혜(智慧)는 금강저 모양, 방편(方便)은 좌우 우물 모양, 원(願)은 전후 우물 모양, 역(力은) 이중담장 모양, 지(智)는 별 속의 달 모양의 장엄한 군무로 끝나게 됩니다. 십바라밀을 따라 정진 수행하면 바른 깨달음을 얻는 것처럼 각각의 바라밀이 상징하는 도형을 따라 탑돌이를 하는 것은 열반의 언덕에 이르는 의식이기도 한 것입니다. 탑돌이를 하던 시절 탑은 사하촌 사람들에게는 삶의 중심에 있었을 것입니다. 마을사람들에게는 친근한 벗이자 한바탕 흥겹게 놀이도 할 수 있는 판이 탑돌이였을 테니까요.

오늘날 탑돌이는 무형문화재로서의 명맥을 유지하는 보존차원의 공연이기에 아쉬운 점이 많습니다. 훈장처럼 달고 있는 국보니 보물이니 하는 유물의 위엄 앞에 탑돌이라는 놀이로서의 기능은 위축될 수밖에 없고, 절간은 이미 삶의 중심에서 비껴나 있습니다. 바라밀의 의미와 간절함이 없는 탑돌이는 이벤트이기 때문에 탑돌이의 생생하고 간절한 스토리텔링을 기대하기는 어렵습니다.

새들도 별빛도 잠이 드는 사이 팔상전은 오백나한과 함께 남몰래 탑돌이를 하고 있는지 모릅니다.

지구의 자궁 같은

"참 연꽃 같네/ 이내에 포근히 쌓인 가람', '오가는 사람들/차암, 편안하네/예가 바로 깊고 아늑한 지구의 자궁 속일세"(나태주 「비오는 법주사」)라고 한 시인은 법주사를 그리고 있습니다. '지구의 자궁'이라는 가람을 품은 속리산에서 생명과 법을 잉태하는 길이 끝나고 시작하는 중심에 팔상전이 자리하고 있지요. 그 자궁의 샘인 만다라 같은 것이 팔상전이 아닐까요. 법주사의 팔상전을 통하여 사람들은 마음의 고향을 곱씹어 보기도 하고, 우주의 질서를 보면서 또 내가 돌아가야 할 곳이 어딘가를 알게 됩니다.

팔상전 돌계단에 앉아
무료히 담배 한 대 빼어 물었다
열려있는 금강문으로
한주먹의 하늘과 소나무 몇 그리고
한적한 수정교를 바라보았다

그렇게 잘 어울린
저편 세상을 보았다

— 임승빈 「법주사에서」

시인이 관조한 세상은 어떤 세상이었을까요. 분명 떠나온 그 자리였고, 그것을 알게 된 것은 팔상전을 돌고 나서입니다. 결코 긴 시간은 아니지만 사람들이 속리행을 하는 이유인 거지요. 무료하게 담배 한 대 빼 문 순간 저편 세상을 볼 수 있는 장소가 팔상전 돌계단이었던 거지요. 한주먹의 하늘과 소나무 몇 그루 돌아온, 다시 돌아갈 수정교가 풍경으로 채워져 시인이 '하늘을 달리는 눈길'로 달리는 곳이기도 하고요.

팔상전이라는 목탑은 400년간 가부좌를 튼 채 여전히 나를 비우는 시간이 필요하다고 설법합니다. 달빛 강하게 내리는 날이나 바람 한 점 없는 날이나 묵묵히 말입니다. 팔상전은 사람들에게 분별도 시비도 걸지 않고 속리하러 온 길손을 따로 마중하지 않습니다. 사람들이 다시 수정교를 건너 일주문을 지나 말티재 너머에 있는 세상으로 나갈 것임을 잘 알고 있기 때문이지요. 팔상전 돌계단에 동박새가 물어다 놓고 간 애기똥풀 꽃잎 몇 장이 오늘따라 너무도 환하게 보이는 것은 무엇 때문일까요.

약속, 너는 누구냐

— 단양 신라적성비, 국보 제198호

신선이 사는 아름다운 곳

단양으로 가는 길, 여기저기 가뭄으로 바닥을 드러낸 실개천을 보노라니 어느 때 보다 발길이 무겁습니다. 긴 가뭄에 이른 더위, 게다가 메르스가 전국을 강타하고 있어서지요. 드문드문 뱃길을 내지 못한 배들은 소처럼 한가하게 풀을 뜯어먹고 있습니다. 『정감록』의 예언이 맞았던 걸까요. 마스크를 쓴 사람이 보이지 않는 걸 보면 중동바이러스 손님이 단양골까지 진입하는 건 쉽지 않았던 모양입니다.

단양의 옛 이름은 적산(赤山)이었고, 단산(丹山)으로도 불리었지요. 지금의 단양은 연단조양(鍊丹調陽)에서 멋지게 음을 빌려와 신선이 사는 아름다운 고장임을 강조합니다. 단양 고을에서 주목해야 할 빛깔은 '붉은색'일 겁니다. 빨강은 가장 역동

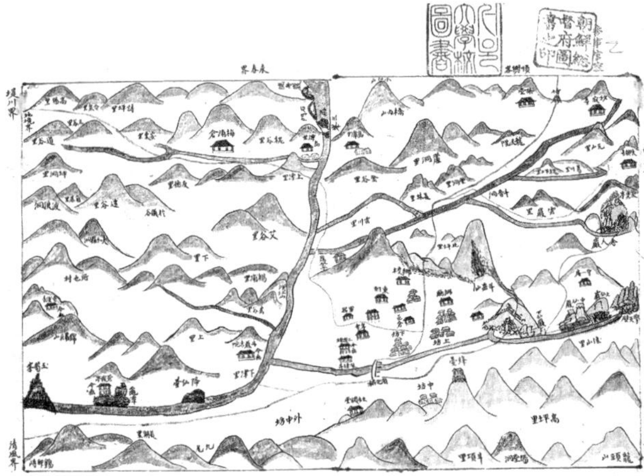

단양군읍지 1899(서울대 규장각)

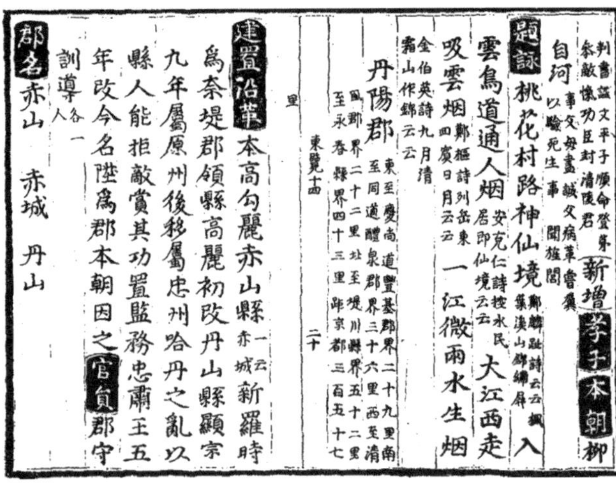

判書謚文平子順命登第 參議愼功臣封清陵君 新增 孝子 本朝 柳
自河 事父母盡誠父病革嘗糞以驗死生事 聞旌閭
題詠 桃花村路神仙境 鄭麟趾詩云云楓葉溪山錦繡屛 入
雲鳥道通人烟 安克仁詩投水民居即仙境云云 大江西走
吸雲烟 鄭樞詩列岳東回處日月云云 一江微雨水生烟
金伯英詩九月清霜山作錦云云
丹陽郡 東至慶尚道豊基郡界二十九里南至同道醴泉郡界三十六里西至清風郡界二十二里北至堤川縣界五十二里至永春縣界四十三里距京都三百五十七
里
東覽十四 二十
建置沿革 本高句麗赤山縣 一云赤城 新羅時
爲奈堤郡領縣高麗初改丹山縣顯宗
九年屬原州後移屬忠州哈丹之亂以
縣人能拒敵賞其功置監務忠肅王五
年改今名陞爲郡本朝因之 官員 郡守
訓導 各一人
郡名 赤山 赤城 丹山

『신증동국여지승람』 단양편.

석이며 격렬한 색으로서 보는 이의 열정을 자극하지요. 단양의 단(丹)이 '붉다'는 뜻을 가지고 있고 고구려 시절 적산의 적(赤)도 마찬가지이니까요. 목은 이색(李穡, 1328~1396)의 시에도 "새벽에 단양길 향하는데/구름 걷히니 붉은 돌이 병풍처럼 보이네"라 하여 백운과 붉은 이미지를 노래했습니다. 실제로 상선암의 푸르고 붉은 바위를 들지 않더라도 석회암 토양이 산화되어 흙빛이 다를 수밖에 없는 거지요. 단양의 붉은 기운은 소백산 줄기의 단풍 때깔을 더욱 곱게 보여주는지도 모릅니다.

발 끝에 걸려 머리 내민

죽령천과 단양천 그리고 남한강 물줄기가 하나로 되는 곳에 적성산성이 있습니다. 남한강은 삼국시대부터 통일의 전진기지이자 바다로 나가는 길목이기 때문에 치열한 전투가 있던 지역입니다. 성벽 길의 발밑에서 우연히 빗돌이 등장한 것은 드라마틱합니다. 빗돌이 성벽 위의 흙에 묻혀 있었기 때문에 아무도 볼 수 없었던 거지요. 성을 다녀간 많은 사람들이 있어도 긴 잠에 깨어나지 않았는데 살짝 기지개를 편 것은 순전히 발자국 때문입니다. 눈 밝은 분이 깔고 앉았던 돌에서 숨바꼭질하고 있었던 거지요. 빗돌이 땅에 있을 줄은 아무도 몰랐던 겁니다. 발끝에 걸려 머리를 내밀었다고나 할까요. 1500년의 타임캡슐이 붉

단양 적성산성. 죽령천과 단양천, 남한강 물줄기가 하나로 모이는 곳에 자리잡고 있다.

은빛 고을에 다시 서게 된 겁니다.

주먹 쥔 모양

빗돌 이름은 단양신라적성비입니다. 몸돌의 모습을 보면 크게 조각으로 깨져 마치 멀리서 보면 주먹 쥔 모양처럼 보입니다. 다행히도 비문은 오랜 세월을 땅속에 있어서인지 선명하고요. 머리 부분이 훼손된 항아리 모양의 빗돌의 내용을 완전히 파악하기는 쉽지 않습니다.

적성비에 대한 해독은 여전히 암호를 푸는 것과 마찬가지입

단양적성비 정면. 주먹손 모양이다. 적성현 사람 야이차의 공을 치하하고 신라에 충성하는 자에게 같은 수준으로 포상과 공훈을 내리겠다는 내용을 담고 있다.

니다. 지금까지 확인된 부분은 진흥왕 때의 제작된 것이며, 진흥왕 순수비 이전 것이라는 정도입니다. 적성비는 신라의 북진 정책 과정에서 만든 것이기 때문이지요.

기운생동의 적성비체

적성 빗돌은 고대사의 중요 자료일 뿐만 아니라 서법에서도 예서에서 해서로 넘어가는 과도기적 독특한 서체로 관심이 많습니다. 비의 붓 움직임은 유연하고 안정감이 있습니다. 특유의 납작한 사각형으로 같은 글자를 반복해서 쓰는 경우가 없어 다양한 서체를 볼 수 있는 거지요. 규칙에 얽매이지 않고 자유분방하게 썼기에 글자 크기도 일정하지 않습니다. 오히려 조형적 세련미를 지녀 기운생동이 돋보입니다. 비문은 누가 썼을까요. 무명의 서예 필치가 예사롭지 않기에 '적성비체'로 태어나기를 기대해보기도 합니다.

약속의 약속

비문 내용은 고구려의 적성을 점령한 뒤 새로운 점령지 사람들에 대한 당근과 채찍의 내용을 돌에 새긴 거지요. 신라에 충성을 하는 사람에게 포상과 공훈을 내리겠다는 약조인 거지요. 공훈 표비문에는 여러 사람들의 이름이 등장하여 당시의 신라의 관직명이나 율령제도, 호적기재 내용도 알 수 있습니다. 여기서 주목해야 할 인물로 야이차(也尒次)와 이사부(異斯夫)를 들 수 있습니다.

비문에만 보아서는 야이차의 공적이 정확히 무엇인지 알 수

단양적성비 탁본 일부분(단국대 본).

없으나 군사기밀을 알려 적성공략에 큰 공을 주었음을 짐작할 수 있습니다. 야이차는 어떤 인물이었을까요. 어찌하여 적국인 신라와 내통하여 적성이 함락하는데 도움을 주었을 겁니다. 비문의 약속은 정말로 지켜졌을까요? 복속된 고구려인으로 신라 사람이 되었더라도 마음 편치는 않았을 겁니다. 적성비가 경계와 포고의 성격을 지닌다고 본다면 어쩌면 비문의 훼절은 고구려인의 후예에 의해 일어난 일이 아닐까요? 삼국통일이 되어서도 그 중심은 경주였을 테고, 고구려 사람은 신라인이 되지 못했을 겁니다. 단양 대강면 천동리가 고향인 맹문재 시인은 단양

신라적성비 앞에서 약속을 읽었습니다.

적성현 사람인 야이차의 전공(戰功)을 기리면서
충성하면 똑같이 대우하겠다고 고구려 사람들에게
진흥왕은 약속했다

자신의 약속이 진실한 것임을 보여주려고
말로 전하거나
종이에 쓰지 않고
돌에 새겼다

그 약속은 지켜졌을까?

약속은 절대적인 이데올로기이거나
개인적인 윤리가 아니기에
달랐을 것이라고 생각한다

나는 지금까지 약속을 어긴 상대방에게
순교하듯 등을 돌렸다
조건으로부터 고립되는 패착을 둔 것이다

배신이 목적이 아닌 한

약속으로부터 전향할 수 있음을

천년이 지난 길 끝에서 깨닫는다

— 맹문재 「약속」 전문

어떤 명분이나 사정이 있든 약속은 지켜져야 약속입니다. 돌에 새긴 약속을 반지 이상으로 보는 거지요. 공약이 아니길 바랍니다만 진흥왕의 '빗돌 약속'은 지켜졌을까요? 이데올로기나 개인적 윤리가 아니라도요. 어쩌면 우리가 살고 있는 세상에서 약속은 지켜지지 않아야 약속일지도 모릅니다. 사람들을 서로 묶는 약속의 무게는 가볍지 않지만, 그렇다고 약속 이행을 강요할 수는 없습니다. 시인 자신에게 엄격했던 약속과 신의를 이제는 놓을 수도 있음을 알게 되는 거지요. 그러나 시인에게 약속은 이데올로기였습니다. 맹 시인이 「이문철 편, 기룬 어린 양들 2」에서 결국 약속은 무엇인가라는 물음에 답입니다. 그러나 「약속」에선 진흥왕의 약속도 보게 되지만 야이차의 신뢰에 대한 무게를 재보게도 합니다.

이사부의 전의

비문에 가장 먼저 나오는 사람은 '이사부'라는 사람입니다. 국민노래라 할 수 있는 '독도는 우리땅'에 나오는 그 유명한 이사부 맞습니다. 작가 김훈의 『현의 노래』에서 이사부는 전쟁을 위해 태어난 사람으로 그려지는데 우산국은 "그 섬은 아직도 알 수 없는 인간의 섬이었고 신라도 왜도 아닌 어떤 나라였다. 섬을 확인하지 못하는 한 이사부의 바다는 거칠고 위태로웠다" 처럼 전의를 엿볼 수 있습니다. 이사부는 왕이 꿈꾸는 불국토를 위해 칼의 나라를 그렸던 거지요.

아! 신동문

산성에 올라 남한강변을 보면 멀리 신동문 시인이 살았던 철길 옆 오두막이 금방이라도 보일 듯합니다. 농막과 포도나무와 사과나무는 잘 지낼까요? 시인은 "내 마음속 생각은/바둑을 두면서도/막걸리를 마시면서/홍경래를 생각했다"(신동문 「바둑과 홍경래」)고 고백한 것처럼, 시인은 흙벽돌로 집을 짓고 땅을 일구어 사과나무와 포도나무를 심었지요. 노래하는 침방에서는 침쟁이도 했고요. 시인은 왜 적성면 애곡리 수양개마을로 왔을까요. 계속해서 시인은 "내 노동으로/오늘을 살자고/결심을 한 것이 언제인가"라고 반문하지만 귀농으로 노동에 전력했음을 과

수들이 말해주고 있습니다.

약속은 없다

적성산성 서북쪽 한 켠이 잘려 있음을 인공위성지도를 보면 분명하게 드러납니다. 중앙고속도로가 개통되면서 터널이 뚫리며 단양휴게소 뒤쪽으로 성을 훼절시켜 놓은 거지요. 조금 돌아서 가도 될 것인데 빈곤한 상상력을 더욱 가난하게 만듭니다. 속도의 시대에 먼 곳으로부터의 소식은 흔적으로 물러나 있어야 하기에 산성의 빗돌은 약속의 주인공을 기다리는지도 모릅니다. 빗돌이 현대를 살아가는 이들에게 남기는 메시지는 무엇일까요. 영원한 약속이나 징표는 없다는 거지요. 기록의 공증이 없던 시절 빗돌은 중요한 텍스트이자 고대사회로 들어가는 창이었습니다. 진흥왕과 야이차의 서약은 아직도 유효한 것일까요? 약속, 너는 무엇이냐? 남한강은 알고 있는 듯 오늘도 느릿느릿 흐르고 있습니다.

내일을 비추는 거울

2017년 11월 15일 초판 1쇄 발행
2019년 8월 12일 초판 2쇄 발행

지은이 김덕근
펴낸이 유정환
펴낸곳 도서출판 고두미
등록 2001년 5월 22일(제2001-000011호)
충북 청주시 상당구 꽃산서로8번길 90
Tel. 043-257-2224 / Fax. 070-7016-0823
E-mail. godumi@naver.com

ISBN 979-11-86060-41-4 03810

이 도서의 국립중앙도서관 출판예정도서목록(CIP)은 서지정보유통지원시스템 홈페이지(http://seoji.nl.go.kr)와 국가자료공동목록시스템(http://www.nl.go.kr/kolisnet)에서 이용하실 수 있습니다.(CIP제어번호: CIP2017028659)

※ 이 책의 제작비 일부는 2017년 충청북도 문화재단 기금을 지원받았습니다.